U0291466

在当代生活中，重塑传统

———

五座建筑，五种风景

世界知名建筑事务所作品集

BEDMaR & SHi

事 务 所 作 品 集

［加］达琳·史密斯
［美］奥斯卡·里埃拉·奥赫达 编

陈阳 译

OSCAR RIERA OJEDA
PUBLISHERS

江苏凤凰科学技术出版社

序

埃内斯托·贝德玛尔

在这本作品集中，我所展示的这五座住宅给予了我极大的满足感。不仅是因为它们曾使我有机会广泛游历，更因为它们可以使我探索与领略到新的环境和文化，从而使我更加关注地理及区域状况。

印度新德里的住宅对我而言是一项真正的挑战，不仅仅因为印度这个国家拥有着恢宏的历史和文化，而且这座住宅所在的阿姆里塔什吉尔马格尔区也拥有着同样厚重的历史背景，许多规章条例需要学习遵守，需要借鉴参照的部分也有很多。该住宅距离罗蒂公园（Lodhi Park）只有几百米，是新德里市的"绿色天堂"。住宅所处地区的气候条件及社会背景对我而言都是全新的。该地区夏天极其漫长，冬天却短暂易逝，当地的屋顶采用标准设计。屋顶的露台可以用来举办各种聚会和家庭活动，露台位置高于地面，通风良好并极具私密性。这种结构形式对我来说也是全新的。大量印度文化上的参照，以及广泛使用的颜色和纹理，促使我决定采用最简单的形式和材质，以及颜色为中性的调色板来创造这些艺术品。印

度的服装与人工制品往往充当着主角。只有印度"莫卧儿"式历史建筑的平台、雨水收集系统和能够将水引流的楼梯能够影响房屋的建造。

泰国从庙宇和住宅雄伟壮观的屋顶形式，到其几乎独一无二、极似水陆两栖的建筑构造，在建筑形式及文化鉴赏方面为我提供了广阔的历史背景。林赛海滩度假别墅所处的位置即使不算最佳，也算是普吉岛（Phuket Island）最引人注目、得天独厚的地理位置了。清澈的蓝天与辽阔的安达曼海（Andaman Sea）成为我设计这五幢别墅的美丽布景。这些别墅的设计由重型屋顶、细长的支撑柱以及巨大的悬臂等构成，看起来就好像要纵身入海。

在新加坡的项目进程中，比设计一座毗邻娱乐中心的住宅更有意义的是，我遇见了一对优秀的年轻夫妇，他们的言谈举止与所拥有的价值观现在已不多见了。这是一个伟大的项目，它给我们留下了很

多美好的回忆，同时它也证明了我们团队的专业价值。这对年轻的夫妇从事商业教育相关的设计工作，有四个十几岁的孩子。他们不仅了解很多建筑方面的知识，而且也懂得如何享受工作中的快乐。他们与我共同合作，陪我四处寻找适合这栋建筑的室内设计材料。我们甚至几经辗转才选到最合适的木材，这种木材似乎永远不会过时。

尽管印度尼西亚与我在新加坡或马来西亚的工程场地有着相似的地理及社会环境，但是我仍然决定使用该地区独特的水元素来设计我要建造的住宅。在印度尼西亚，许多水元素的特色在内部与外部空间的连续性上发挥了关键的作用，备受人们尊崇。在这栋住宅中，许多游泳池、喷泉及浴池构成建筑结构中不可分割的部分。正如在泰国，屋顶是别墅建造的主要特征，而在印度尼西亚，水是其主要特征，因为它无处不在。

新西兰的项目则是与客户建立友谊的另一段佳话。第一次与他们相识要追溯到16年前，那时候我刚刚完成一个英国的项目，他们请我设计他们在新加坡的第一个家。我们一起走访了世界上的很多地方，有时是为了公务，有时是为了娱乐，最终我们成为了好朋友。这座住宅位于新西兰皇后镇，全年景色异常壮观。在冬季它主要是滑雪胜地，在其他季节，它同样拥有着独特的魔力。当自然景观的形态及颜色难以描述时，设计的简约化便成了必备要素。尽管这样安排看起来是简单和暂时性的，但这就像是周末去露营要搭帐篷一样不可或缺。

这五幢建筑环绕于自然之中，同时也构成了不断探寻着文化起源的一部分。这些设计是情感及灵感相结合的产物，是对我按照自己的标准做决定这一过程的深刻诠释，也是我对挑战创新的答案。

目录

简介

埃内斯托·贝德玛尔

在BEDMaR & SHi事务所为五个不同国家所设计的五所独特迷人的建筑中，其所体现的区域主义与文化认同感是我们无法避免的更为广泛的全球性问题，即跨文化建筑中的普遍性和独特性。在关于个人角色对外国建筑遗产继承所起到的贡献的讨论中，BEDMaR & SHi事务所提出了一系列有趣的问题：个人是如何理解并诠释文化信仰和模式，并将其转化为设计的呢？这种设计如何在特定建筑师的作品中得以延续，同时非本土建筑师又是如何展示其对本土建筑历史和地域气候的尊重呢？正如我们可以用数学确定性来说，5除以5，结果为1。究竟什么过程、策略和细节决定了我们建筑的确定性，使我们确定这五幢位于五个不同国家的建筑是同一位建筑师的作品呢？

在BEDMaR & SHi事务所任职的埃内斯托·贝德玛尔，在他所著作名为《浪漫的热带风格设计》一书中以极具美感的方式介绍了他的工作，令人心生好奇。该书记叙了他在新加坡长达23年间所完成的一系列建筑工程。这些工程纪录了事务所秉承的理念，以及他们的观念与设计的演变过程。随着时间的推移，作为今天在新加坡工作的阿根廷籍建筑师，贝德玛尔天生对于外部视角的迷恋，使其对于热带建筑的感知和其使用的设计方法，与当地文化深深融合到一起。贝德玛尔关于热带住宅的设计和细节处理是由他多年在热带地区积累的工作经验塑造而成的。毋庸置疑的是，他现在已经成为新加坡和海外地区热带建筑设计界受人尊敬的建筑师。

通过这本书，我们将从设计、规划、概念、建筑和细节处理方面探索BEDMaR & SHi事务所最新设计完成的五个作品。首先是位于印度首都新德里的阿姆里塔什吉尔马格尔住宅。这幢住宅是关于印度教传统"风水学"与现代建筑之间的对话。住宅采用水平屋顶和屋顶花园设计，在其木制品中使用抽象的印度图案，具有横向表现力，与BEDMaR & SHi事务所其他作品迥然不同，这一创新之举令人深受鼓舞。泰国普吉岛的林赛海滩度假住宅由一系列引人注目的别墅构成，这些别墅建造在安达曼海悬崖边上。我们的视觉焦点在于这些别墅独特的屋顶形式，以及这些屋顶对泰国文化背景的体现。位于新加坡纳森路的住宅展现出私人性质与公共性质的二元性。在这里，娱乐空间和私人生活空间实际上被分割成两栋独立的建筑，隔街相对。两栋建筑的建筑语言、规划和空间表现形式就像两位具有鲜明特征的兄妹。相比之下，位于印度尼西亚首都雅加达以南的武吉高尔夫乌塔玛别墅的主题是水资源的利用。鱼塘和游泳池等水景引领着游客开启神奇的体验之旅，使他们尽享高尔夫球场的壮丽景致。而新西兰的住宅深受乡村田园风格的影响，其外形设计符合周围建筑所采用的谷仓形的简约性质，与雄伟的山地景观浑然一体。

在整本书中，设计所体现的文化和区域影响将被层层揭开。建筑师们完成的所有项目以及较大工程之间的连续性也将展示出来。在衡量这五个项目的特殊性和普遍适用性之间的平衡关系时，建筑师将它们置于所属国家建筑历史的视角下进行考量。该书对于这些项目的设计策略、形式和施工细节进行研究，以突出BEDMaR & SHi事务所的特点、具有的创新性和对于建筑的诠释。

这些独特的设计反映出整个南亚千千万万的文化及地理特点，将这些有着极端差异却又同样引人注目的建筑永久联系起来的便是这样一位伟大的建筑师——埃内斯托·贝德玛尔。贝德玛尔欣然接受了这些项目背后的气候情况、文化背景及社会特征，运用他对细节的极致敏感，通过将个人空间与环境背景相结合，精巧地设计出这一系列建筑。在每一个项目中，贝德玛尔都将建筑与周围景观、土地以及浑然一体的水元素主题天衣无缝地联系起来。每幢建筑通过外部空间和建筑形式的等比划分来进行定义，从本质上与当地环境联系到一起。

A 印度|阿姆里塔什吉尔马格尔住宅

B 泰国|林赛海滩度假别墅

C 新加坡|纳森路住宅

D 印度尼西亚|武吉高尔夫乌塔玛住宅

E 新西兰|皇后镇住宅

A |

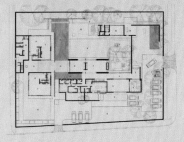

C |

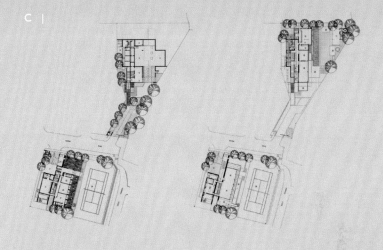

B |

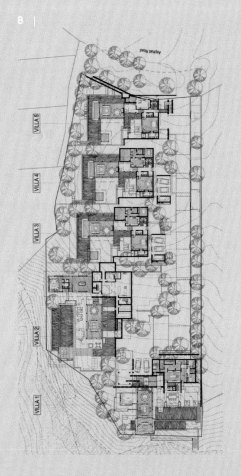

VILLA 5

VILLA 4

VILLA 3

VILLA 2

VILLA 1

D |

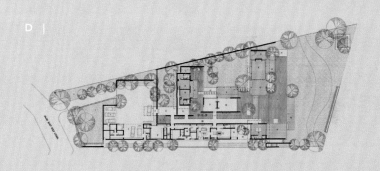

E |

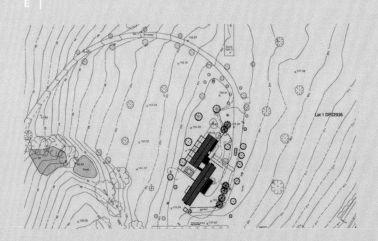

Lot 1 DP22936

IN

印度｜阿姆里塔什吉尔马格尔住宅

印度 | 阿姆里塔什吉尔马格尔住宅

印度这幢精美的住宅优雅地伫立于花岗岩底座之上，从其外观来看，它是一座真正意义上的寺庙。它的背后蕴含着许多迷人的故事。这些都精心雕琢到住宅的空间结构及对细节的处理之中，从而使整座建筑既体现了传统习俗和宗教信仰，又满足了与自然界的和谐关系。事务所极具洞察力的建筑师们通过简单却富有诗意的现代建筑精神，将这些因素传承下来。整栋建筑位于印度新德里极具盛名、风景如画的阿姆里塔什吉尔。贝德玛尔称之为这是他迄今为止遇到的最大的挑战之一。与建筑师更加熟悉的热带环境相比，该地区有着更丰富的社会文化背景以及更温暖的气候。该住宅的设计与贝德玛尔其他早期作品风格迥异，这开启了他在设计方面的一个新的里程碑。住宅四周被绿地所覆盖，周围大多是单层别墅，该地区私密性较高。这些别墅坐落在高架平台上，顶部为平屋顶。平屋顶仍然被这个地区的业主们作为露台而广泛使用，在这里他们可以沐浴着和煦的微风。由于当地原有房屋破损严重，政府允许进行拆迁。新修房屋限制在罗蒂路后9米的范围内，且高度不能超过原有房屋。贝德玛尔的设计方案是让建筑尽可能的中立，使建筑的纯粹形式及空间与印度美丽的纺织品及艺术品成为呼应。他选择密斯·凡·德·罗设计的巴塞罗那国际博览会德国馆作为借鉴和灵感之源。这种国际化建筑的纯粹感与自由流动空间的使用，极大影响了贝德玛尔对阿姆里塔什吉尔马格尔住宅的设计，并成为了他叠加使

用印度文化元素的基础。

贝德玛尔通过对空间排序、构架景观与照明控制的规划策略，整个别墅中营造出一种全然不同的氛围，给人一种独特的体验。在这个项目中，他混合使用了印度"风水学"的重要原则。传统印度教设计系统大致将这一原则翻译成"建筑科学"，且与以物质和能源为相关主题的定向排列作为基础。住宅本身的形状呈东西方向延伸的矩形，主门入口面朝东方，有利于实现印度的"风水学"原则。贝德玛尔解释说，印度"风水学"上认为，对于房屋来说，位于东方与北方在视野及开放性上更受欢迎，而由于受到太阳光强度的影响，南方则被认为是不利的选址位置。因此，在设计阿姆里塔什吉尔马格尔住宅时，建筑师将入口及主要视图都放在东方与北方，然后沿着住宅的南部边缘设计了一个长条形服务区域。其他一些"风水学"原则规定了住宅内特定房间的位置，比如礼拜室或祷告室要设定在东北角，餐厅需要在西面，主卧室在西南方向，而院子要在东面，还有其他的一些原则。

同时，家庭社交娱乐方面也加入了住宅的布局，很多房间的设计都是为了更方便地举行不同规格及类型的社交聚会。

28

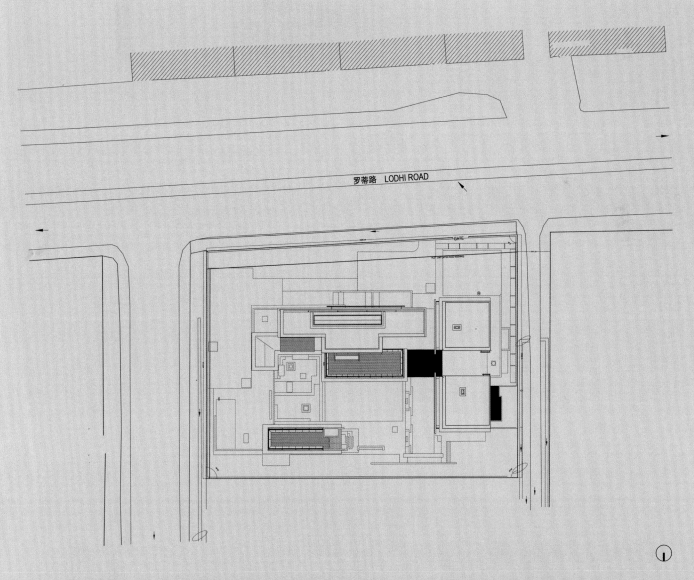

罗蒂路　LODHI ROAD

来到这里的客人在进入主屋之前，常要先进入礼拜室。在这幢住宅里，礼拜室位于东北角，这是一个神奇的地方，位于车辆入口的位置。天然的意大利石灰华独立式墙体包围着整个住宅及庭院。建造这些墙体的巨大石板由巨型石块切割而成，由于技术优良，石块颗粒纹理对称性好，整个墙体看上去似乎是由一块完整的石头构成。礼拜室两侧的石灰华线性颗粒创造出一种方向感，通过精心设计的木材网格枢轴门的方向，将礼拜者的视线聚焦在院内的印度教神"南迪"（Nandi）上。木制屏风和木材面板是由贝德玛尔设计的。他采用传统的印度图案，将其几何尺寸减小，然后将图案雕刻入坚实的缅甸柚木门所使用的木材内。抽象的图案依然是包含着印度原始文化的精华，它被赋予了独特的印度特色，却没有一成不变的重复使用传统的挂毯。礼拜室前面的庭院是主要的娱乐空间，在庆祝活动中这里经常经常用来接待客人。

像贝德玛尔所设计的许多建筑一样，这幢住宅同样不是一下子全部显露出来，而是以空间体验的方式逐渐展现在客人面前。客人们可以穿过生机勃勃的庭院，进入到一个空间相对狭小的入口大厅，目光立即聚焦在一个静谧又引人沉思的花园里。花园种满了被人们用来敬奉神的罗勒树，寓意着吉祥如意，整体营造出一种敬畏又安静的内部氛围。然后，游客会进入一个狭长的直线走廊。这个走廊通常用于艺术空间，它的一侧是一间舒适且装饰有整墙书架的家庭活动室，另一侧是一个带有阶梯式露台的开放式庭院。贝德玛尔解释说，庭院保留着传统住宅中关于主要社交开放空间历史文化的记忆。此外，传统住宅中的开放式设计用于艺术表演。贝德玛尔对这个庭院的现代化建造是为了音乐演出和舞蹈表演，随机选择阶梯平台作为座位或者用于表演者的舞台。这种坚固且经过雕刻的质地让人联想到印度寺庙的石阶。这种设计在住宅其他的社交场所中也经常看到。在这个庭院之中，火与水是主要元素。火元素是通过一个

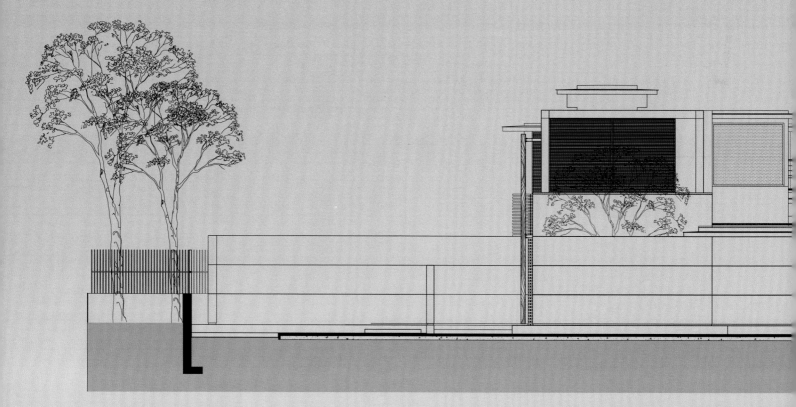

立在地面上的小型石块向空中喷火的形象来呈现的，而水元素的表现形式是设置白色的水盆。

沿着长长的走廊一直走，迎面有一面墙将客人引入客厅和餐厅。也许这种设计就是贝德玛尔受到密斯·凡·德·罗设计的德国馆影响的最深刻的体现，墙体用来充当一种独立的物体，将整体连续的空间切割成互相联通的空间。这些墙体永远不会接触，所以从几何学上讲，这种营造的空间是永远不会静止的。在客厅和餐厅使用这些独立的墙体，增加了混凝土平屋顶与墙壁的视觉分离性。在这里，水平混凝土梁安置在天花板的下方，墙壁上梁之间的空间留作高层窗户。这个细节使得客厅和餐厅的高度高于其他所有房间。这种额外的高度不仅强调空间的重要性。同时，它也在上方创建了睡眠空间的层次建构。主卧室位于客厅和餐厅上方，成为住宅中层级最高的房间。而层级次高的是儿童卧室，位于最底层的是客房，也是最底层唯一的卧室。

上｜模型景观　　下｜住宅立面图

本跨页 | 施工场地

在客厅前方是一片大面积的开放式草坪，远处有个游泳池和露天平台。从露天平台阶梯下来向左便是游泳池，这种阶梯的设计与之前在第一个庭院看到的阶梯样式一样随意。阶梯将客人进一步引向露台右侧，到达客人住所和礼拜室屋顶，它通向一个小型、非正式的屋顶露台。从游泳池到露台，再到屋顶的这种平缓而又随意布局的露台楼梯，使得露台好像是从建筑物的上方和下方的起伏中塑造出来的平面。客人套房顶部的屋顶露台营造出轻盈愉悦的氛围。在屋顶露台搭建了一系列支撑可拉伸布料的钢柱，起到遮阳的作用。从更为正式的风俗上讲，同客厅和餐厅的屋顶露台类似，这里采用了同样的屋顶，为举行大型聚会活动提供了良好条件。

建筑师在为住宅做规划的时候，考虑到当地的另一个习俗。家族中包括父母双亲，一个儿子和一个女儿。在印度的传统习俗中，一旦儿子结婚，他将与新婚妻子一起留在父母家中，而女儿将在结婚后搬到她的新婚房子。因此，建筑师们将儿童区作为独立部分，建

在住宅西部，并且在南边有一个单独车道以便车辆出入。两个主要的儿童套房与住宅其他部分由固定的石灰华屏风和走廊空间隔绝开来，保证了一定程度的隐私性与独立性。石灰华屏风是由嵌石等距支撑的一系列水平薄石灰华条组成。屏风的细长图案不仅仅强调了房间的整体水平度，同时也能更好地透光通风。这些孩子们的套房在一层和楼上睡眠区各自拥有一个独立的客厅和餐厅。这样的设计意图也是考虑到一旦孩子们结婚了，女儿搬到新家，留下的儿子可以接管整个住宅西侧。儿童区与主客厅和餐厅相连，连接它们的是像桥一样跨越整个游泳池的木制露天平台。这个平台由一个轻便型天窗所覆盖，天窗将孩子们房间两侧的建筑连接到主屋。天窗下面是一个木制格子廊架，这在贝德玛尔关于新加坡的一些热带设计中出现过。这样的设计不仅仅反映了石灰华屏风墙的格局，而且还创造出一个可以起到遮阳作用的舒适空间。在这片空间里，没有阳光直射，但仍有身处户外的感觉。

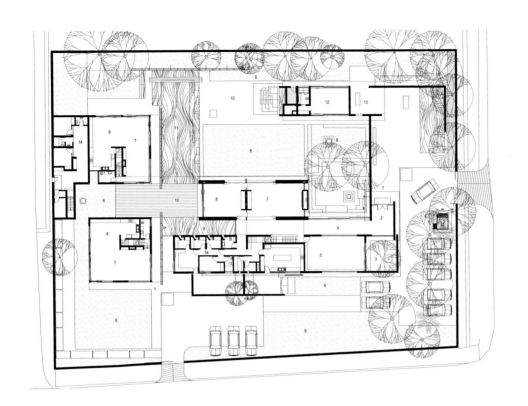

1　入口
2　大厅
3　庭院
4　走廊
5　家庭休息室
6　花园
7　客厅
8　餐厅
9　池塘
10　露天平台
11　游泳池
12　客房
13　祷告室
14　佣人间
15　露台
16　主卧室
17　化妆间
18　书房

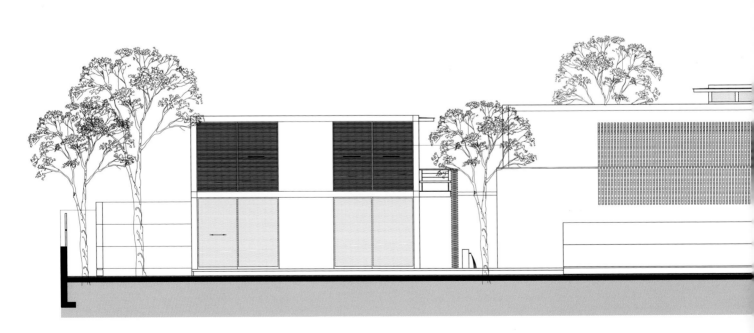

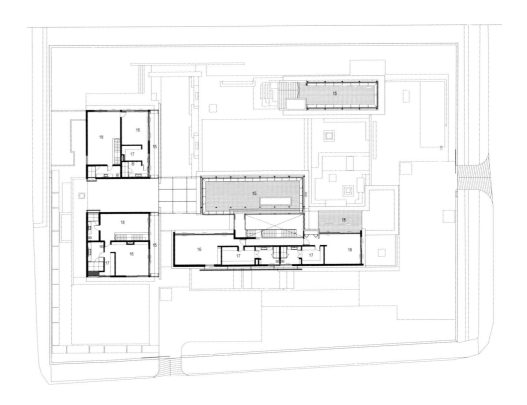

左｜底层平面图　　下｜南立面图　　上｜二层平面图

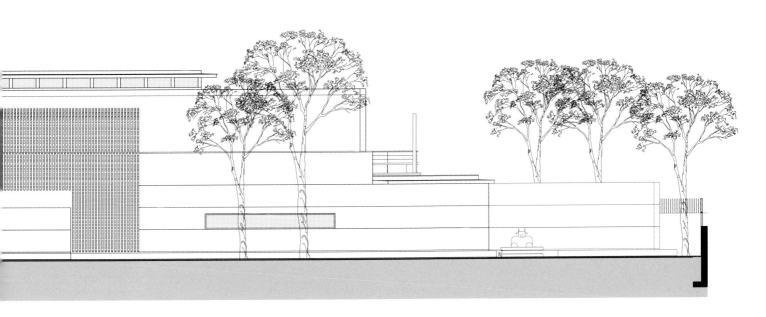

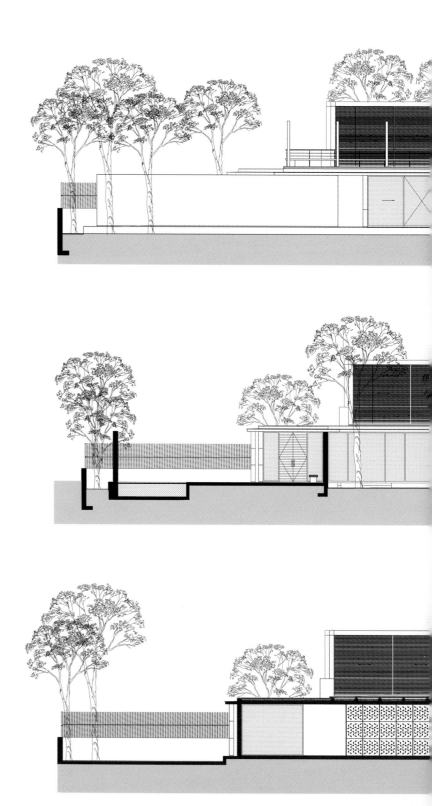

右｜北立面图、室内花园朝南剖面图、走廊朝南剖面图

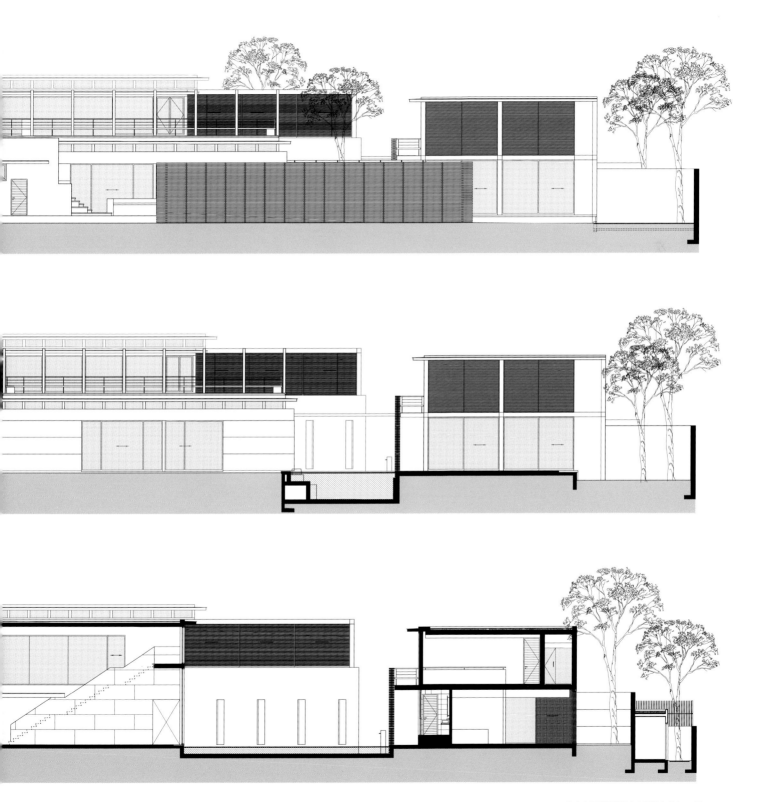

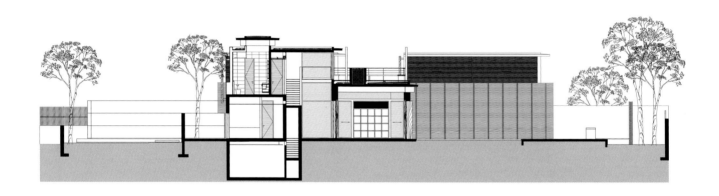

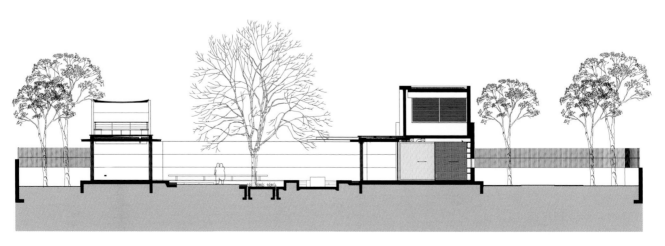

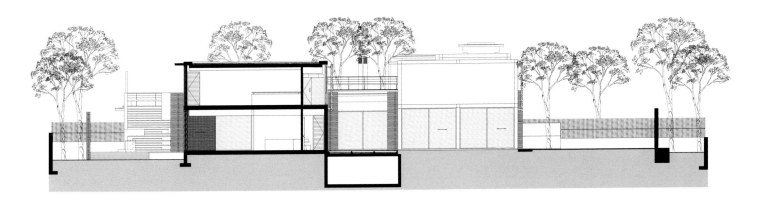

左、右｜入口处映景
湖墙体细节

后一跨页｜入口庭院
的映景湖

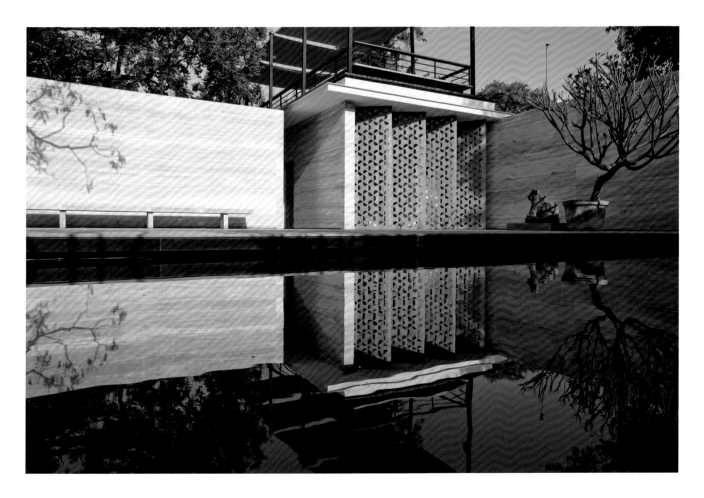

左 | 石灰华长凳细节图　　上、后一跨页 | 入口庭院的映景湖

左｜祷告室对面的映景湖

上｜映景湖和露台

上｜祷告室　　右｜祷告室木制屏风细节

左 | 祷告室

上 | 连通祷告室和室内花园的嵌板入口

右 | 划分入口庭院和室内花园的石灰华墙体

左、上｜室内花园细节

前一跨页｜朝南方向的室内花园　　左、上｜走廊及室内花园外的家庭活动室

上 ｜ 室内花园及家庭活动室外的客房
右 ｜ 家庭活动室内的木制屏风

上 | 走廊左边为家庭活动室，右边为室内花园　　右 | 家庭活动室和外部的入口庭院

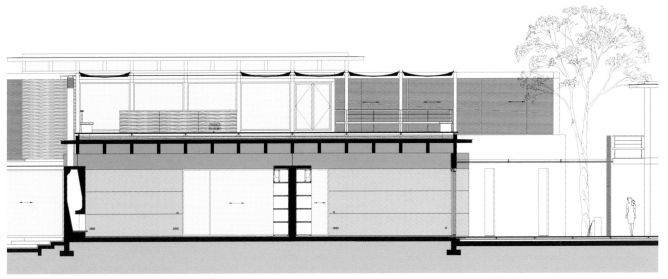

左上｜客厅、餐厅和露台　　左下｜客厅、餐厅和露台剖面图　　上｜客厅

上、右｜带有石灰华百叶窗的游泳池

左 ｜ 走廊

左、上｜南面入口庭院

前一跨页 ｜ 儿童房走廊黄昏时刻的景色
右 ｜ 黄昏时刻的游泳池和儿童房

前一跨页｜游泳池、木制桥以及石材幕墙细节　　上｜通向南面入口的游泳池　　右｜从露台处通向游泳池

上、右｜游泳池、石制露台以及室内花园

上｜从木制平台通向露台的阶梯　　右｜通向游泳池和露台的阶梯

右｜通向露台的阶梯

上｜花园　　右｜露台长凳　　后一跨页｜露台

TH

泰国 | 林赛海滩度假别墅

THAILAND | LAEMSINGH VILLAS

泰国 | 林赛海滩度假别墅

位于普吉岛西北海岸面积达6,120平方米的林赛海滩假别墅体现出了原始的力量感和颇具感染力的艺术感，这种设计灵感源自泰国本身。在靠近别墅区蜿蜒曲折的沿海公路上，急转弯掉头处的狭窄入口处有一处不引人注目却可通向别墅区的小路。该别墅本身位于一条狭长的土地上，首先沿道路向上倾斜，然后向下，它从令人惊叹、陡峭险峻的岩石悬崖中突出出来，潜入到安达曼海（Andaman Sea）之下的汹涌海水中。除了自然环境的浪漫之美，该地也是泰国丰富历史文化的一部分，它同样也影响了建筑师对其中五座住宅别墅的设计方式，这五座住宅被命名为林赛海滩假别墅。贝德玛尔在这个项目中采用的设计方法是平衡两个冲突条件。一方面，在这种情况下，对项目的要求很高，要确保符合国际客户的期望以及建造别墅所需的高水平。另一个要求是使用其他国家的建筑材料，采用某种模块化的建筑方法，在建筑和应用方面实现完美，但这可能与当地的建筑实践不一定相协调。这一原则与贝德玛尔在特定或

当地项目中发挥的作用相平衡，团队将区域建筑传统、设计形式、施工实践以及别墅具体情况处理得当。

林赛海滩度假别墅是建筑师独具特色的设计作品，它对于贝德玛尔设计的绝大部分建筑而言至关重要。它强调建筑师在完成项目时应注重视图编排和空间与体验的排序。他的建筑是在戏剧化的集合场景中编排设计的，这些场景在特定的受控视图之间交替。宽阔的全景可以让人们的心灵回归自然。这些景观不断由内而外，使花园和风景与内部空间呈现得一样多。普吉岛这种本身就引人注目的地方为这样的设计提供了完美的场地和背景。

整座别墅从主路起始的上坡坡道隐藏起来，然后慢慢向游客展现出面貌。狭长入口逐渐攀升到观景台的高点，让游客能够在第一时间观赏到海洋和地平线的壮观景色。

ASPHALT ROAD 柏油路

ANDAMAN SEA

安达曼海

从车道这一细节开始，建筑师对该项目的精心规划就一览无余了。沿着别墅左侧，这个项目所设计的各项服务都藏在长长的街道中——一个大型木材屏风之后。五幢别墅沿着右侧和前方对齐，可以直通海边。每幢别墅都有一个单独的入口，通向主要居住区。由于别墅结构原因，主要居住区位于比道路更低的位置。这种位置的安排使入口车道设计在高处成为可能。游客不仅可以饱览海洋美景，还可从屋顶欣赏到不同层次的风景。

贝德玛尔认为项目中的屋顶设计是表现泰国元素的关键要素之一。游客从屋顶看到的设计风格的第一印象就显示了屋顶形式如何与泰国建筑以及广阔的地平线相关联。这种建筑形式与地理位置关系的建立对于贝德玛尔在创造他所期望的影响力方面至关重要。然而，

这些屋顶形式不是贝德玛尔对传统泰式屋顶剖面图的重复，也不是复制传统的泰国住宅细节或施工方法。

依照传统，区域住宅建筑由工匠设计而不是建筑师详细规划。因此，其做工和审美是相对质朴和自然的。由于林赛海滩度假别墅设计所需的水准较高，建筑师并没有试图模仿这种质朴或传统的工艺。贝德玛尔的策略是通过利用简单、朴素的细节和形状，模仿传统建筑中充满情感、富有情调且立体化的特质。贝德玛尔了解传统建筑以最小装饰而实现美感的道理。传统屋顶由竹子、木材或无釉砖所覆盖，而典型山墙屋顶的底面天然而成，没有天花板。别墅的优雅是通过其比例、纹理、颜色以及形式展现出来。

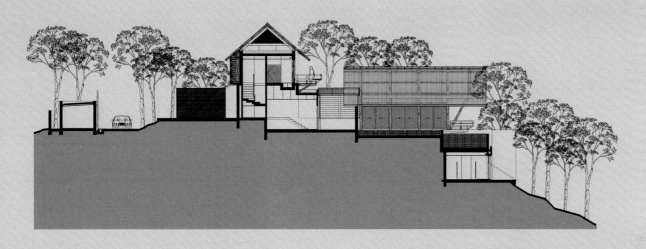

上｜纵剖面图　　下｜别墅整体立面图

左｜悬崖边景色
右｜别墅整体平面图

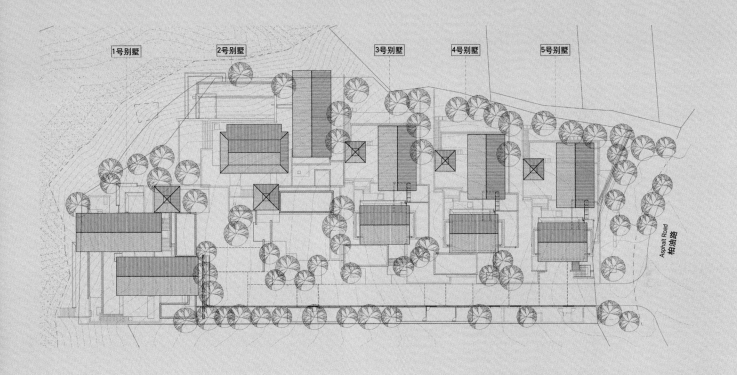

1号别墅 2号别墅 3号别墅 4号别墅 5号别墅

Asphalt Road 柏油路

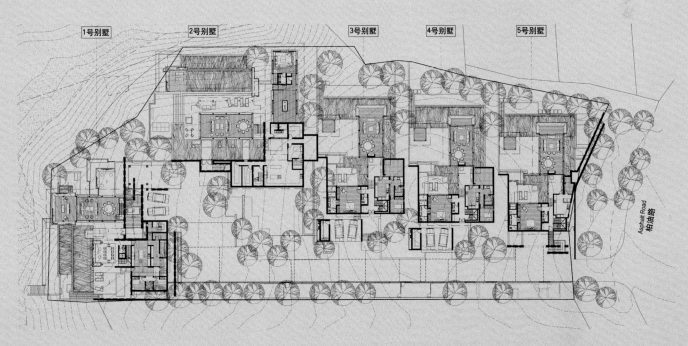

1号别墅 2号别墅 3号别墅 4号别墅 5号别墅

Asphalt Road 柏油路

自然的优雅在别墅设计方面激发了贝德玛尔的灵感。他认为传统的泰式屋顶比例较大而且十分厚重，应倚靠在细柱上的山墙上。项目中的主要客厅或亭台楼阁反映了贝德玛尔的这种想法，别墅的屋顶是简单的山墙形状，由天然精巧的加拿大雪松条覆盖，倚靠在相对较小的木材柱上。尽管雪松木对当地来说是外来木材，但选择其作为别墅的屋顶包层非常适合，同时它又与泰式建筑相关。雪松木会越来越漂亮，由未成品最终变成优雅的银色外观。为了在屋顶形状上产生一些对比，作朝西设计处理。2号别墅的屋顶设计成一个锐角山墙屋顶。这种屋顶形状在泰国南部更常见，但建筑师对其进行了改良，并简化了细节。通过向四面倾斜，屋顶能够遮蔽2号别墅所有的四个立面，包括面冲客厅和餐厅西面照射进来的热带阳光。

此外，屋顶还提供了正式的对比，并参考当地建筑较小的入口和花园客厅及带有陡峭倾斜的双层屋顶形状。这些屋顶极其简洁的细节是传统泰式屋顶简约和自然风格的现代参照。通过减少屋顶及其边缘要素的杂乱，保持了最简单的形式，因此建筑师们更加要求木材的材质和纹理的简约美。山墙顶部的山脊上铺满了雪松木盖条，在间距处有一个乌口接合，使结合线最小化。木材条沿着屋顶的斜坡铺设而成，隐藏在不锈钢剪裁系统的后面，使条带从上方出现，轻轻漂浮在屋盖结构上。木制屋顶条之间的间隙可以使雨水顺着间隙流下。之后，沿着内部防水膜继续流，引入到横梁后面。木制横梁内部包有铝面板，以防止水流因不断流动而损坏木材。屋檐用悬臂支撑，以防止太阳暴晒和雨水肆虐。在屋檐尽头，水通过隐藏的防雨板以可控的方式最终流入地面，而不会溅到房屋上。雨水在隐蔽的排水沟下面收集到，松散的鹅卵石铺在排水沟上面。具有"欺骗性"的屋顶简约设计，不仅与传统的泰国建筑实现了密切的

联系，而且还反映了建筑师对当地的气候特征等情况具备了深刻的认识。

林赛海滩度假别墅中规模最大的1号别墅和2号别墅被设计为可容纳一两个家庭的出租别墅。一个家庭可以居住在上层，另一个居住在下层。它们都有自己的游泳池。两座别墅不会出现交叉打扰。与2号别墅类似，1号别墅带有开放型的入口大厅，从长长的车道入口进入，旁边有一个私家车门廊。车门廊有一个钢筋混凝土平屋顶，上面有一个小屋顶花园。汽车门廊由灰色的花岗岩铺成，通过巨大的体量和雕刻的装饰，看上去似乎是由地而起的结构。相比之下，入口大厅给人以轻盈的感觉，大型屋顶似乎毫不费力地悬垂在细柱上。这两种结构之间的差异存在于其他别墅中，其中下层部分、花园墙壁和一些景观元素遵循大型车门廊的结构，而上层的生活区和睡眠区，则采用了光线充足的开放型模式。重型和轻型建筑设计的对比是BEDMaR & SHi事务所的设计特点之一，这在新加坡及其他地区许多项目中有所体现。

从别墅入口大厅处开始，客人便可一直欣赏到壮丽的海洋风光。这种对别墅特定视角的介绍，将成为每个大厅的关注焦点。虽然林赛海滩度假别墅的独特设计与BEDMaR & SHi事务所的其他项目不同，但建筑师对建筑物外观的态度还是殊途同归。贝德玛尔设计的房间是墙壁与结构的组合，它将客人引入到花园或外部景观中。花园一直是空间中关注的焦点，因此视觉上已成为房间本身的一部分。林赛海滩度假别墅中的居住区与餐厅也是如此。这些房间经设计后成为以木柱和露出的木屋顶桁架构成的开放型木材亭子，勾勒出外部海洋的全景景观。

右、后一跨页│别墅模型

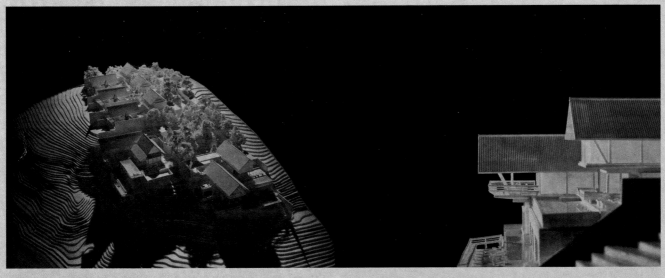

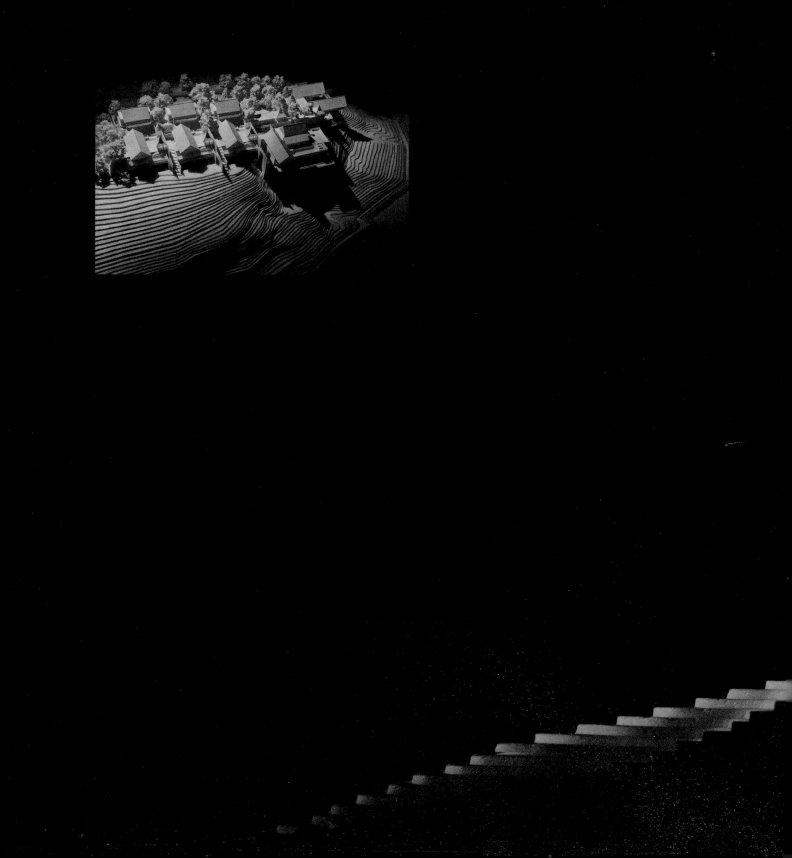

本跨页｜施工初步阶段

虽然这些大厅可能会给人一种开放的感觉，但其实都封闭在玻璃中，这样便于在较冷的季风季节使用空调保暖。玻璃的精心设计旨在使框架利用最小化，以使大厅看起来尽可能开放和轻盈。在大多数地方，窗户的铝框架隐藏在木结构框架和门楣内。固定的玻璃面板与小木材珠粒装饰一同置于适当位置，同时这些珠粒与框架钢结构上使用较大的木材包层相互融合。结构框架的语言和形式再次反映了传统的泰国住宅建筑中简单裸露在外的木材桁架。然而考虑到建筑物的整体尺寸和其跨度，BEDMaR & SHi事务所设计的这种结构还是选择钢结构。钢筋的使用也是必需的，因为位于悬崖边缘的大厅要求巨大且牢固的悬臂。这种钢结构包覆在木材中，所有电气和机械结构都隐藏在木箱内，保证了桁架带来的良好视觉感受。

从大厅里面看，屋顶结构底部脱离内部结构桁架，除了屋顶梁与桁架相交的位置之外，其在桁架周围都留下了间隙。这个间隙能够保持屋顶通风，并进一步从空间内提高了视觉亮度。同样，别墅悬崖底部之上这根引人注目的四米悬臂，在很大程度上造成了失重的感觉。从某种程度上来说，这是为了最大限度利用该场所，为五幢别墅腾出空间。悬臂的独特设计使穿过别墅的人有一种身处戏剧舞台

达到高潮的感觉。在建筑层面上，房间延伸到户外的自然风光中，仿佛漂浮在安达曼海上。地平线似乎与建筑物的内部结构框架遥相呼应，再次使外部与室内实现视觉融合。在情感层面上，房间的设计与传统的泰国开放式亭台楼阁有着强烈共鸣，屋顶底部是以木材包覆着，这使下面空间从视觉角度上变暗，相比之下，开阔的空间则更加明亮。这种亮度带来的效果超越自然风景带来的直观感受，同时与周围自然环境相互依存，和谐共生。

在传统的泰式别墅里，每个部分都分为一个单独的大厅。生活和用餐空间可能在一个大厅中，而睡眠区则在另一个大厅。不过，环绕着别墅的外部空间同样被视为重要的空间。BEDMaR & SHi事务所在林赛海滩度假别墅采用了这一概念：每个别墅由三个大厅组成，四面由生活空间和露台所环绕。室外区域包含许多建筑元素，如用于细分空间的花岗岩门槛、拥有巨大踏脚石的映景湖，以及将远景融入地平线的大型游泳池。建筑师对于外部空间的建筑处理与室内空间的处理相似。他们还在这些室外区域设计了一系列观景房间。外部界限、内部界限及远景界限的模糊性仿佛诞生出一幅神奇而宁静的画面，使观赏者、建筑和花园似乎与更广阔的风景融为一体。

1号别墅

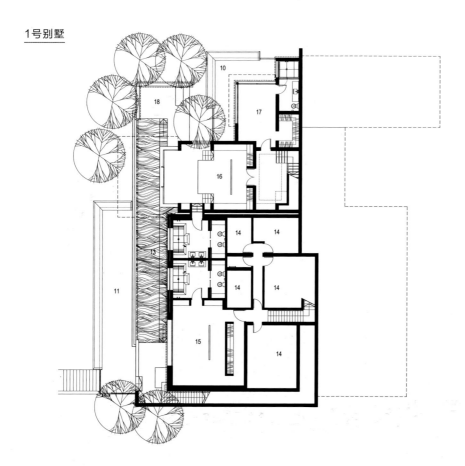

1　车库
2　入口登记处
3　入口
4　卧室1
5　卧室2
6　餐厅
7　客厅
8　化妆间
9　厨房
10　佣人间
11　露台
12　游廊
13　游泳池
14　库房/主电室
15　主人套房1
16　主人套房2
17　卧室3
18　泳池露台

上｜底层平面图　　下｜西南立面图

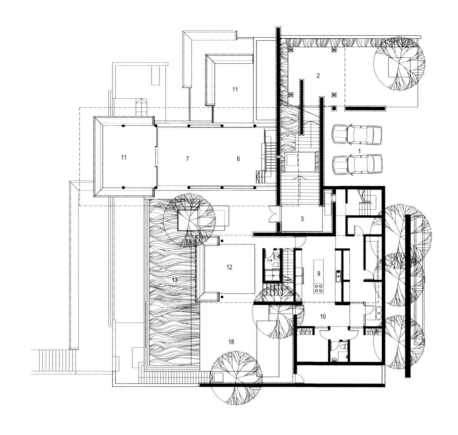

上 | 二层平面图　　下 | 西北方立面图

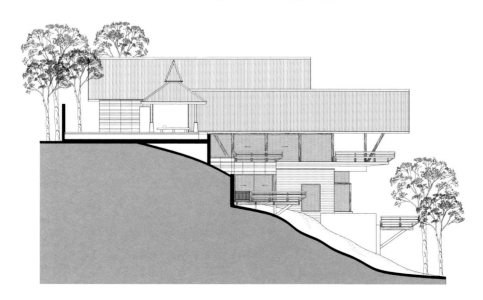

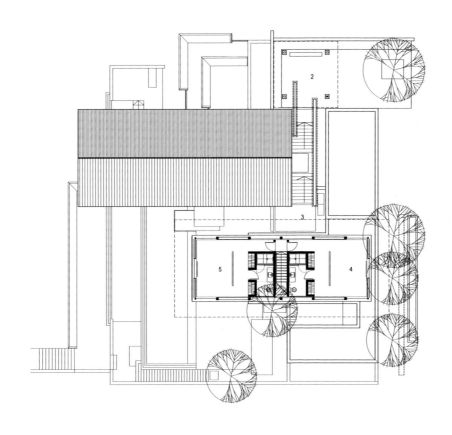

上｜三层平面图　　下｜东南剖面图

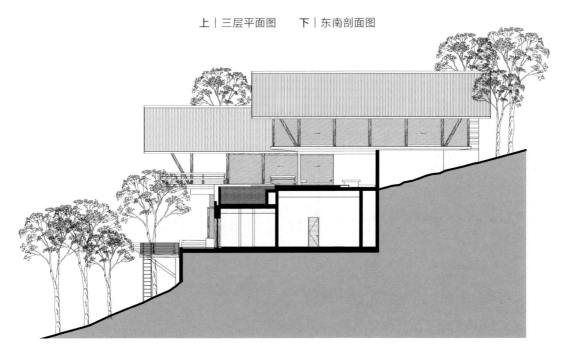

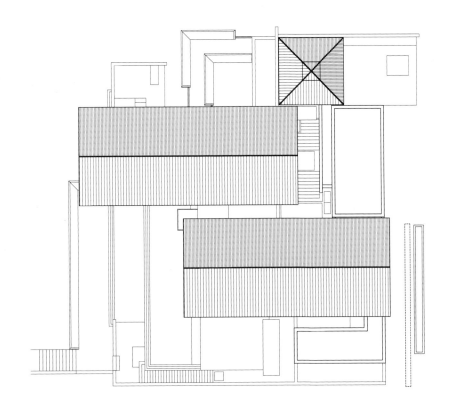

上｜屋顶平面图　　下｜客厅和餐厅剖面图

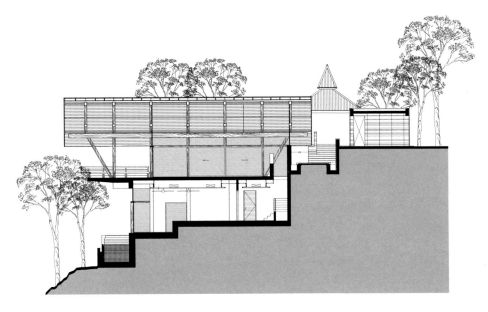

左 | 入口木制屏风墙后服务区　　上 | 入口车道进来的露台和海景观景台

前一跨页｜眺望台景色

上｜眺望台和雪松木屋顶

右｜雪松木屋顶

前一跨页│屋顶处眺望海景　　　左、上│柱基细节

左｜柱基　　下｜朝东北方剖面图
右｜庭院入口的石墙

前一跨页｜封闭式屋顶和石墙　　左、上｜屋内门庭及门口平台

前一跨页、上、右｜泳池渐渐融入到蔚蓝色的海洋中

上、右、后一跨页｜半屋顶露台及景色

左、上｜露台和海景

左｜一楼木制平台和主卧室的私人泳池　　上｜泳池和木制长凳

左｜浴室外景色　　上｜悬崖边别墅所在地　　后一跨页｜别墅区鸟瞰图

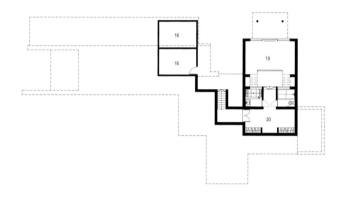

1	车库	12	佣人间
2	入口登记处	13	露台
3	入口	14	书房
4	水塘	15	游泳池
5	桥	16	仓库和主电室
6	餐厅	17	主人套房 1
7	客厅	18	主人套房 2
8	桌球室	19	主人套房 3
9	座位区	20	衣帽间书房
10	化妆间	21	游泳池边
11	厨房	22	游廊

上 | 地下室平面图　　下 | 底层平面图

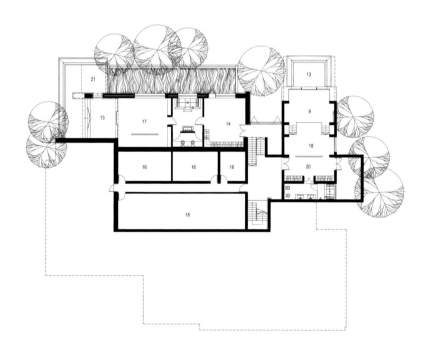

上 | 西北立面图　　下 | 二层平面图

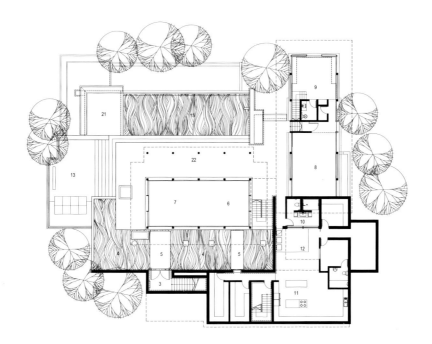

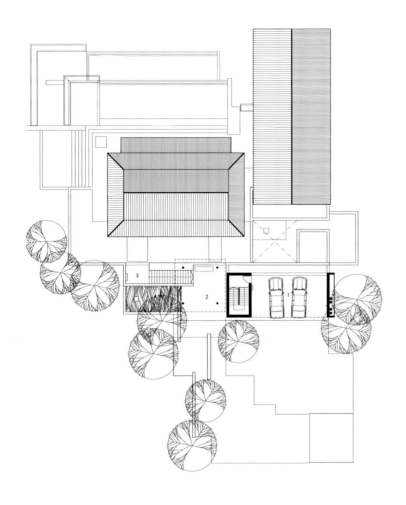

上 | 屋顶平面图　　下 | 入口剖面图

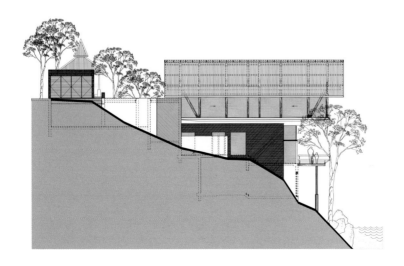

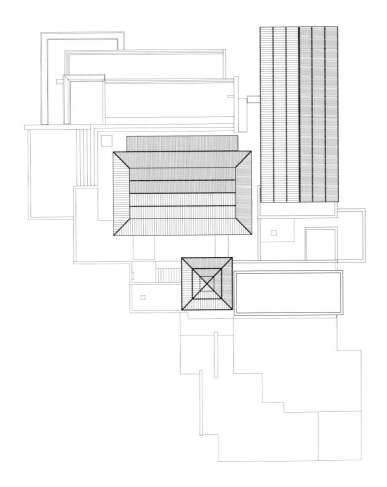

上｜屋顶平面图　　下｜入口剖面图

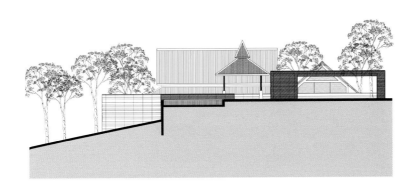

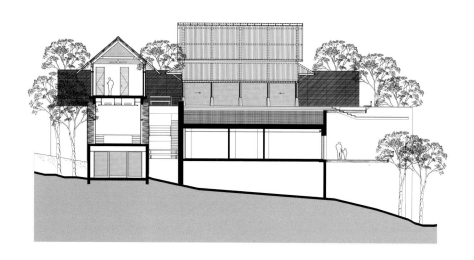

上｜游泳池部分剖面图　　下｜游泳池部分纵剖面图

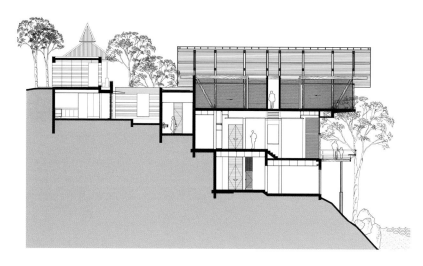

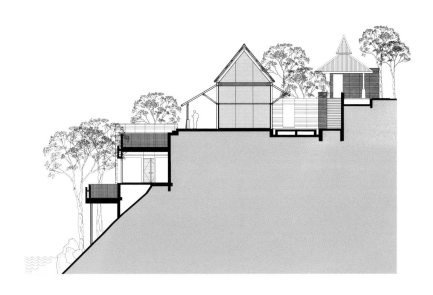

上｜游泳池部分剖面图　　下｜游泳池部分纵剖面图

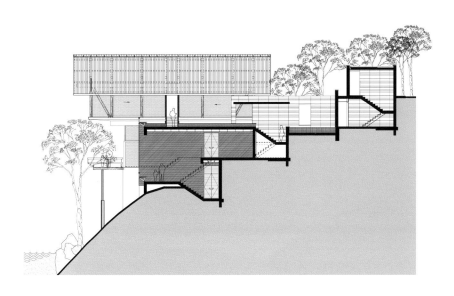

左｜入口庭院及映景湖　　上｜映景湖

上、右｜入口庭院的石墙和踏脚石

左、上 | 露台屋顶细节

前一跨页│花园和映景湖

左│木制屋顶下的屋面排水管

上丨2号别墅鸟瞰图　　下丨2号别墅纵剖面图　　右丨别墅边悬崖

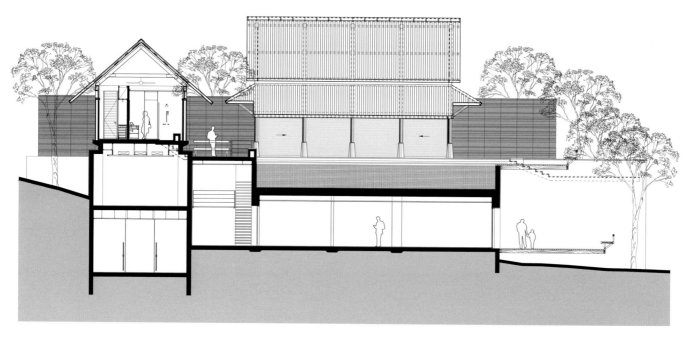

前一跨页、后一跨页│拥抱池　　上│悬崖　　右│现存植被覆盖整个别墅露台

上｜平台和拥抱池
右｜从露台看到的海景

3号、4号、5号别墅

1 入口
2 门厅
3 化妆间
4 主人套房1
5 平台
6 水塘
7 客厅
8 餐厅
9 厨房
10 佣人间
11 泳池
12 游廊
13 泳池
14 庭院
15 露台
16 卧室1
17 卧室2
18 主电室
19 仓库
20 车库
21 主人套房

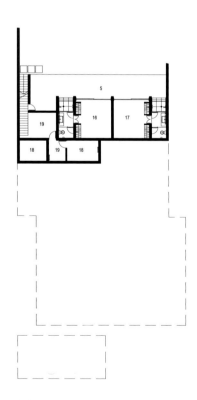

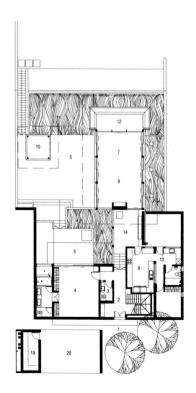

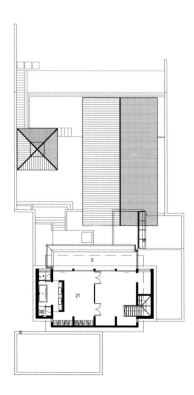

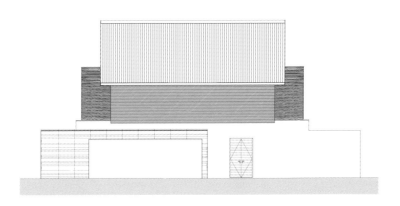

左下｜地下室、一层和二层平面图　　上、下｜入口立面图和纵剖面图

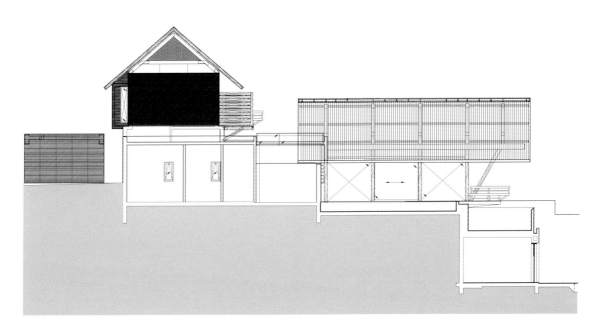

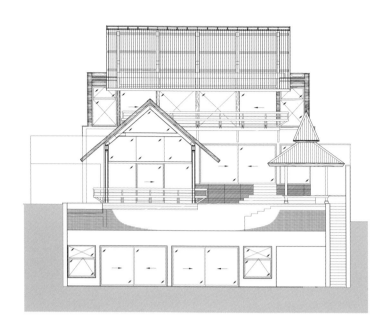

上｜西北立面图　　下｜朝西南方纵剖面图

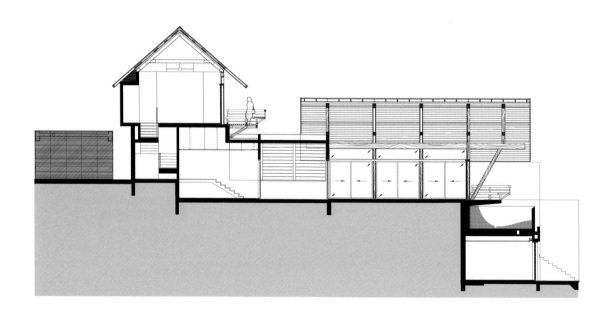

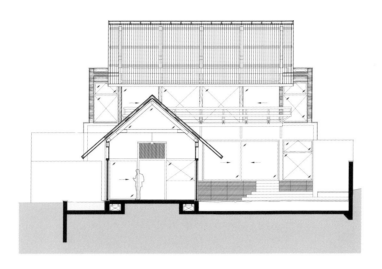

上丨东北立面图　　下丨朝东北方纵剖面图

前一跨页｜从主卧室望出去的风景

上｜通往花园的台阶

右｜3号、4号、5号别墅鸟瞰图

上 | 露台和日光浴平台　　右 | 日光浴区域和花园的景色　　后一跨页 | 日光浴区域和花园鸟瞰图

SG

SINGAPORE | NASSIM ROAD HOUSE

新加坡 | 纳森路住宅

新加坡│纳森路住宅

新加坡久负盛名的纳森路住宅位于乌节路著名购物区的中心地带附近，内设高档私人住宅，拥有着理想的街道地理位置。BEDMaR & SHi事务所设计的这座住宅不只一部分，而是两部分。此住宅的两部分分别位于道路两侧，彼此相对，形状类似于方程式两侧，沿几何轴翻转。虽然住宅的这两部分在建筑设计上相互关联，但是它们在形式上却表现出单一特征下两个完全不同的方面。BEDMaR & SHi事务所的建筑师们考虑到这两个地点与项目在建筑语言和建筑构成中都以双重性而引人入胜，因此在这两种结构之间建立起充满建筑性和叙事性的对话。

这两座建筑场地的形状和地形本身似乎也强烈表现出来它们的特征。道路北面的建筑场地上有个狭窄的入口，逐渐呈扇形散开并扩大到场地后方，看起来似乎有些沉默。不仅如此，游客到此第一印象还有其倾斜的梯田地形，这是为了躲避游客窥探的目光。而道路南面则宽广辽阔，使这幢住宅看起来外向且平易近人。此外，虽然

此地低于路面，但这一地形使其高度有所上升，能够使路人从街上观其全貌。坐落在这些地方的建筑物从很多方面都反映着住宅主人们的公共和私人生活以及他们的性格特征。在北面是主屋，它是主人日常家庭生活的主区。而在住宅南面则是家庭中所称的"俱乐部会所"，是家人娱乐休闲之处。

东南亚一些周边国家的土著文化与传统建筑文化源远流长，而与此相反，新加坡作为商业中心发展起来，许多移民贸易商纷纷涌入其海岸。因此，新加坡传统建筑已经变得更加多样化，并受到贸易商和移民者的多元影响。这些不同文化引入了多样的住宅类型，如黑白屋和店屋，这些都已成为新加坡建筑遗产的一部分。这些建筑师从马来西亚房屋、现代主义与国际风格等各种建筑和文化资源中吸取了灵感，设计出一些作品。随着新加坡人口密度的增加，许多设计中的共同思路是将房屋定义为逃离城市的"避难所"，让人们远离大都市的压力和快节奏的日常生活。

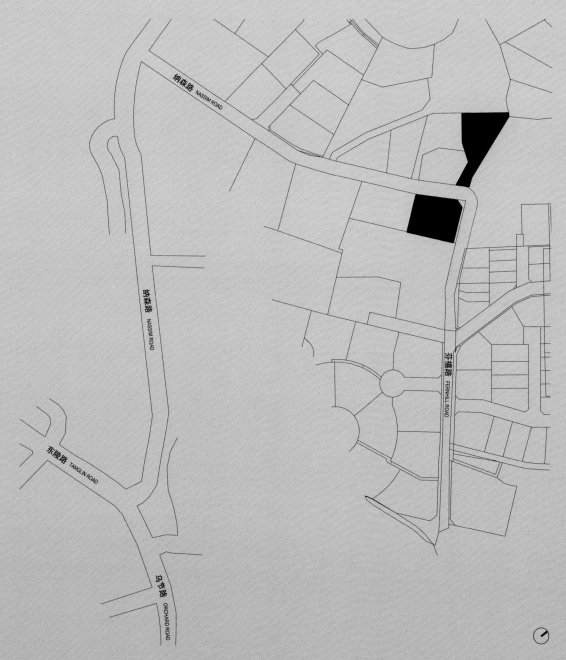

纳森路住宅可能是此"避难所"中的一个特别的例子。这幢住宅中更多的公共功能被拆为独立结构，由纳西姆路从主屋分开，使住宅恰好完全免于社会侵入。将这两座建筑划分开来的纳森路，不仅是住宅中公有和私有区域过渡的标志，也是住宅两侧布局颠倒而置的几何轴线。主屋的规划更为传统，客厅和餐厅等此类公共空间位于底层，更多的私人卧室区域位于底层之上。然而，在俱乐部会所里，这个安排却翻转过来，客厅和餐厅位于第二层。而卧室和更多花园公共场所（如网球场）位于底层，卧室之间的浅水区域为其增添一丝私密感。

在东南亚地区设计的住宅组合令人印象深刻。他们探索并诠释了对于热带建筑的理解，同时吸收了现代住宅建筑的需求。相对于当地与历史建筑相关的一些区域性工作而言，新加坡纳森路住宅的建筑风格融合了一些现代化建筑和现代化热带建筑风格，因此影响更为广泛。

下｜住宅立面图

新加坡这两幢住宅的规划与传统的热带建筑有着很大的区别，这一系列建筑依次环绕在中心区域四周。在住宅设计中，循序渐进、精心安排的循环区通过使用一种类似脊柱型的轴壁而呈现一种全新的解读方式，将工作区域中的不同服务区分隔开来。

主屋和俱乐部会所同样安置在三个平行的空间中。服务区位于一侧，由中央循环区的翼缘墙隔开，最后是面向花园的公共区域。BEDMaR & SHi事务所将墙壁设计为界定空间和中央循环区的单一物体，他们通过将光线带入到三个带状空间这种方式，将戏剧艺术带入墙和周边地区中。

在俱乐部会所，戏剧艺术也是通过光线射到墙面，形成达两层楼高的"大瀑布"。通过滤过光，对翼缘壁及墙壁材料营造出一种模糊之感：环绕在它周围的空间属于内部还是外部空间？会所的中央循

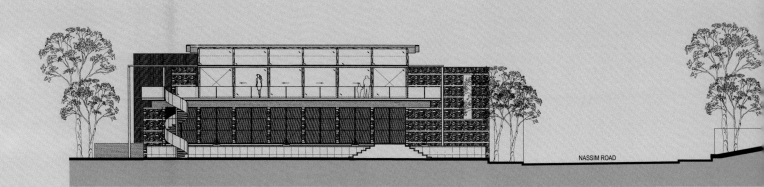

NASSIM ROAD

环区有着非常厚的翼缘壁，并包裹在火山岩中，其内部隐藏有机械和电气系统。

通过使用上面的天窗，木地板被安置在下面，由日光照射而形成的特殊图案布满墙壁表面，使整个俱乐部会所感觉像一个外部花园延伸而成的墙体。现代新加坡热带住宅的一个共同特点就是这种内部和外部分界的模糊不清。

在这幢住宅设计中，BEDMaR＆SHi事务所通过仔细考虑各种材料、形式和光线聚集在一起的详细细节，来实现界限模糊不清的设计效果。在循环空间的一侧，大块增厚的石头围墙没有单坡屋顶。在屋顶和墙壁之间，嵌入式窗户使轻质钢框架屋顶看起来更为轻便，好像漂浮在重型墙壁上。跨越那两面墙壁（限定流通区）的是一个透明的水平木制框架，它足以使视觉延伸到上方的石墙那里。

但是它淡化了无框架天窗保护底部空间免受雨淋的重要性。

这种组合所产生的效果还体现在半户外花园亭子中。在流通区一侧的居住区和餐厅也实现了类似于半户外空间的感觉。在这些房间中，大量木材覆盖于单坡屋顶下部，轻轻环绕在石墙之上，似乎比建筑结构本身更像是周围树梢的一部分。木材天花板的黑暗与房间开放空间和玻璃面的亮度形成鲜明对比，给人造成一种住宅没有背面，也就没有界限的错觉。居住区和餐厅到外部游廊的剖面细节图是为形成建筑物没有边缘这种感觉而精心制作的。长长的外墙垂直分割，并且一系列石柱由木材所覆盖。外墙长度通过中间的水平遮阳板水平分隔，遮阳板从建筑物一侧向外伸出750毫米。在该遮阳板厚度范围内，将下层滑动门和上层固定玻璃窗的框架隐藏。以这种方式，将框架的存在感最小化，给人完全开放和透明的感觉。

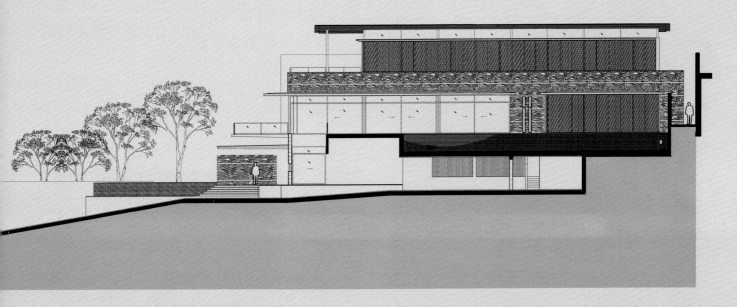

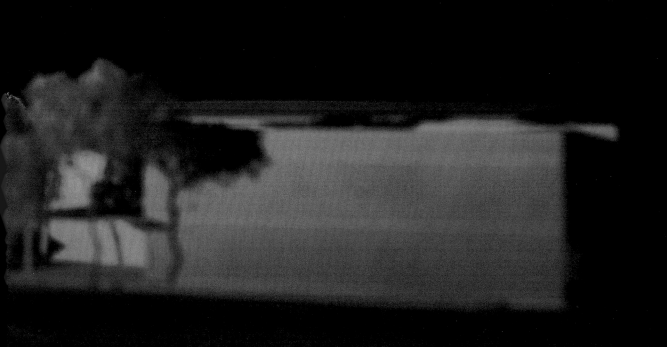

本页 | 模型　　右 | 光照研究

本跨页｜施工场地

本跨页｜施工场地

单坡铝合金屋顶悬于露台之上，再次模糊了内外界限。俱乐部会所二层的居民区和餐厅屋顶的视觉亮度与一层石头包层墙壁的沉重压抑形成鲜明对比。毗邻大型雕刻式结构的轻透明萨拉型结构是在BEDMaR & SHi事务所的大部分建筑中都能看到的标志性设计。然而，轻型和重型建筑物的位置和使用在主屋和会所之间差别很大。虽然这两栋建筑物采用相似的材质面板，但是这些材料的不同应用方式给这些建筑物带来了完全不同的意义。在建筑语言方面，主屋由水平条带组成，而会所更强调结构的垂直度。

主屋的水平条带自然使主屋看起来比会所更适宜居住。这种水平性表现为沿着其外墙的石头护栏，以及悬垂于建筑物上的深层水平屋檐。主屋内部空间与俱乐部会所相比更加私密。会所宽阔的双层流通区拥有雄伟壮观的中庭和水景墙，这在主屋中也存在，与较长的走廊形成鲜明对照。

这个更为私密的走廊在视觉上与住宅外部语言带入地板一侧的松散鹅卵石以及交织于翼缘墙（规定走廊界限）内外的楼梯在视觉上区分开。楼梯从生活区到流通区的螺旋运动有助于进一步模糊内部和半户外空间之间的界限。虽然这两栋建筑有着许多共同之处，但也同样都有很多不同的品质，这些不同品质决定了它们的个性特征。然而这两栋建筑一起构成更加完美，令人称赞的对立式和谐统一的效果。

1　入口
2　入口门廊
3　车库
4　泵房
5　视听室
6　书房
7　水塘
8　鹅卵石花园
9　佣人间
10　服务后庭院
11　露台
12　游泳池
13　主人卧室
14　化妆间
15　餐厅
16　客厅
17　电视间
18　卧室1
19　卧室2
20　卧室3
21　卧室4
22　客房
23　健身房
24　露台
25　甲板
26　网球场

纳森路　NASSIM
ROAD
芬禧路　FERNHILL CLOSE

纳森路 NASSIM

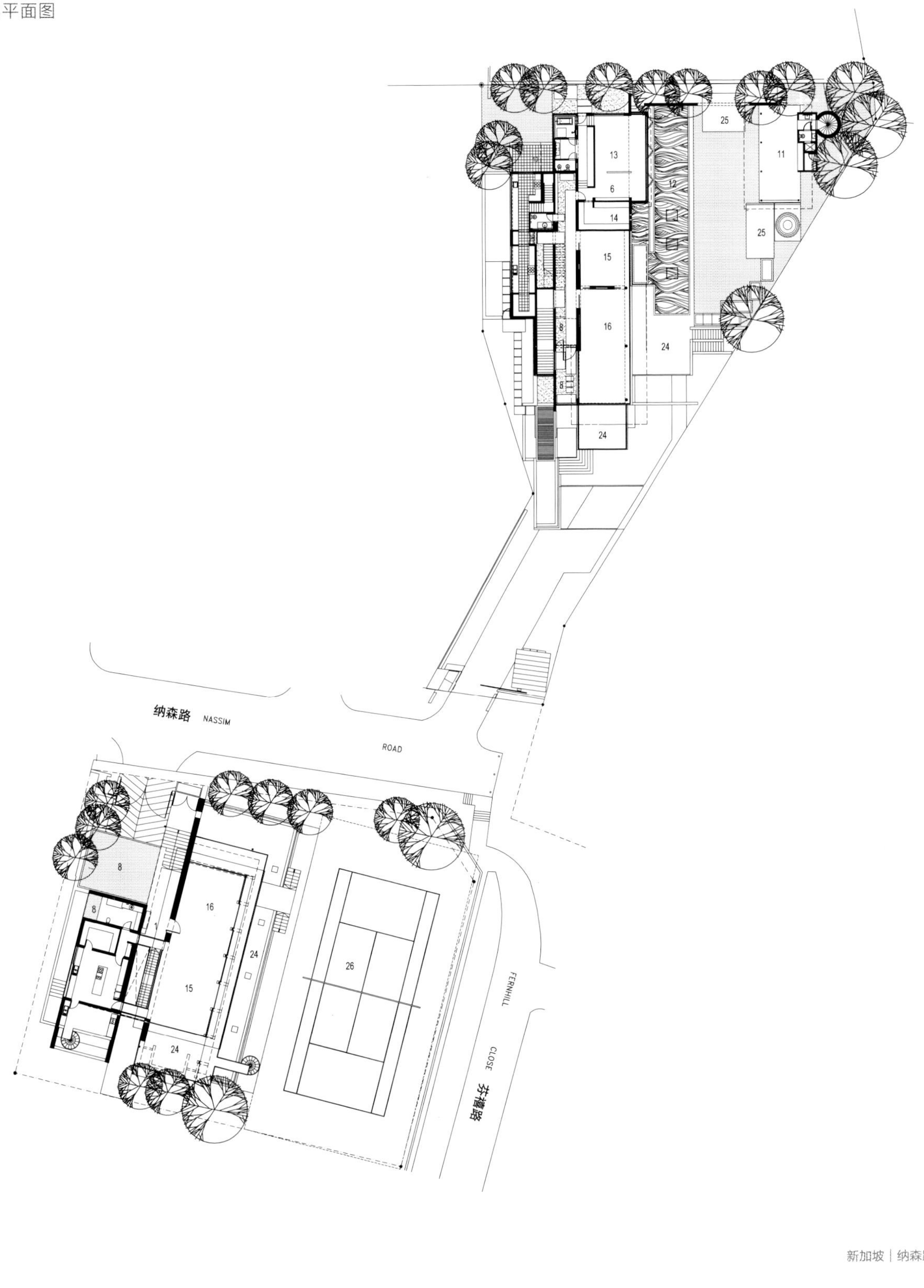

ROAD

FERNHILL CLOSE 芬禧路

下｜三层楼平面图

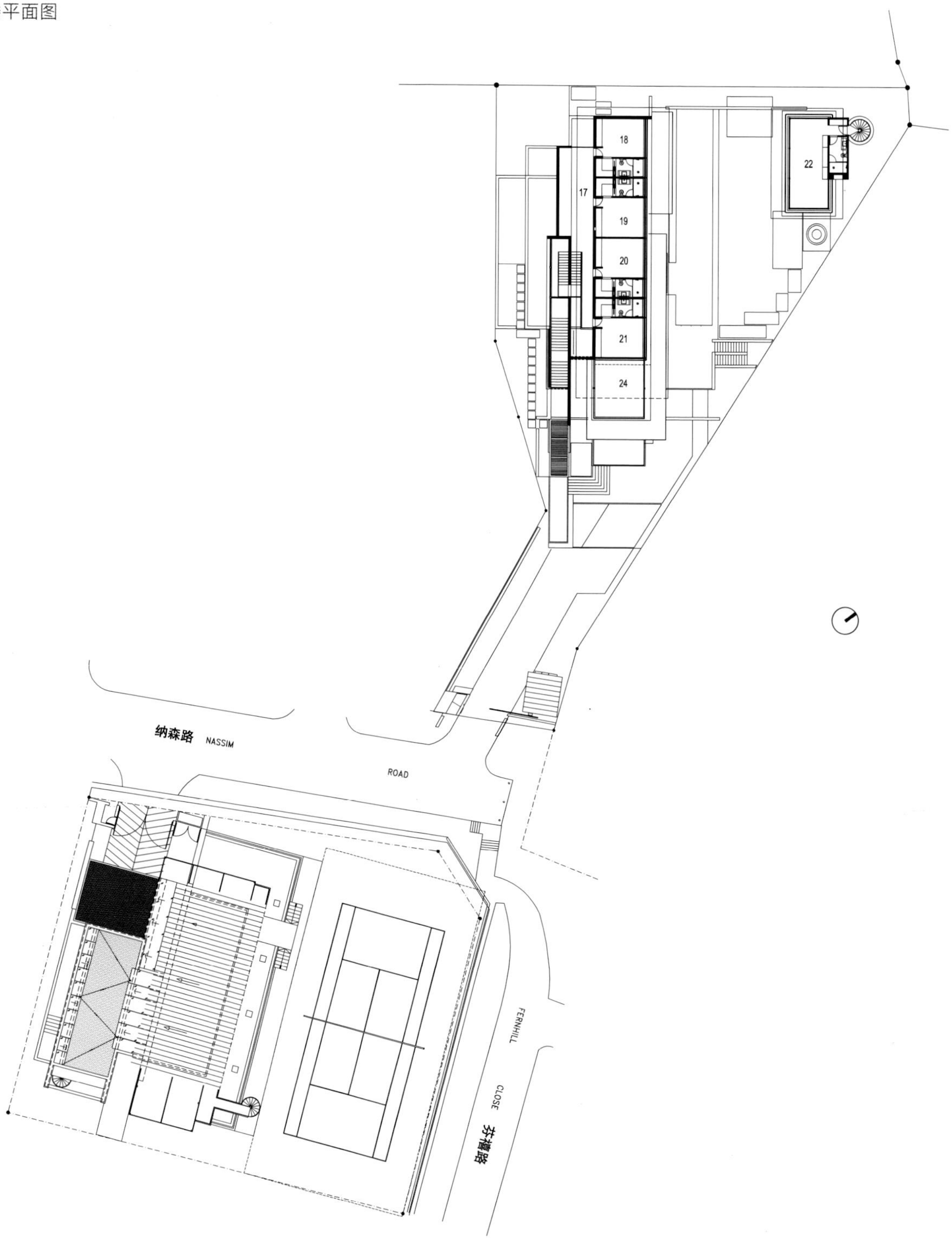
18
17
19
20
21
24
22
纳森路 NASSIM
ROAD
FERNHILL
CLOSE
芬禧路

纳森路 NASSIM

ROAD

FERNHILL

CLOSE

芬禧路

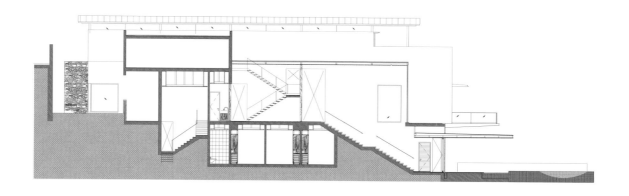

上｜主楼梯纵剖面图　　下｜主楼梯横截面图

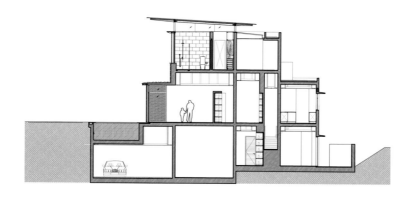

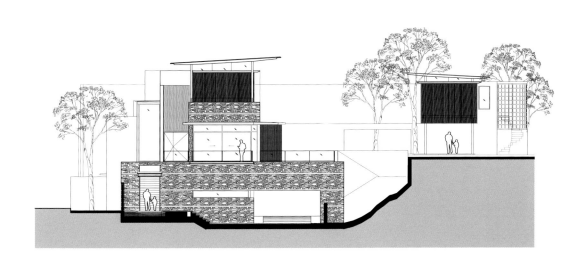

上 | 正立面图　　下 | 朝西北方向纵剖面图

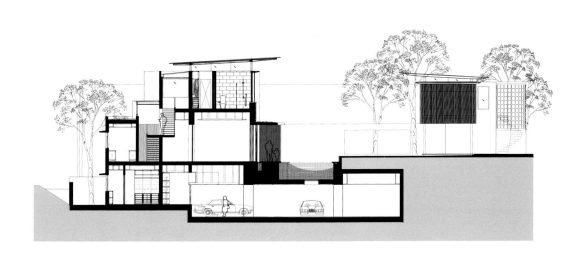

前一跨页｜主要建筑物外观

上｜入口悬挂式屋顶

右｜入口平台和映景湖

左｜原生树木和灌木丛环绕在入口水池周围

上、右 | 住宅入口、门廊和玻璃嵌板

左丨室内和室外空间产生的视觉联系　　上丨入口门廊

上 | 门廊　　右 | 主楼梯

上｜外部带有客厅的露台　　右｜客厅

左、左上｜从客房和客厅出来进入游泳池区域

右｜从客房延伸出的半屋顶平台

前一跨页 | 游泳池区域　　左 | 箱形房的木制结构　　上 | 游泳池区域

左｜箱形木制结构的主卧室

上｜木制滑动门　　右｜面朝游泳池的主卧室的木制百叶窗

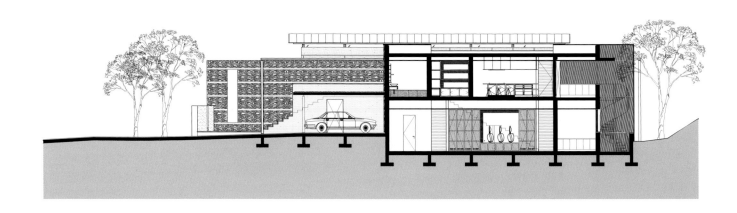

上｜位于视听室、厨房朝东北方剖面图　　下｜位于入口处、楼梯朝东北方剖面图

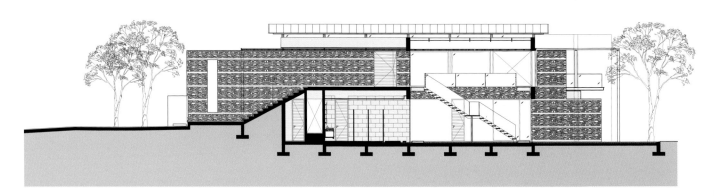

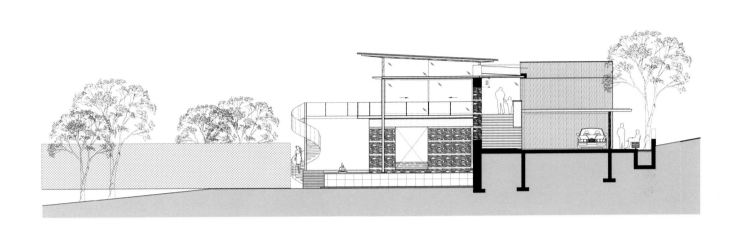

上｜位于入口处朝东南方剖面图　　下｜位于视听室、卧室朝东南方剖面图

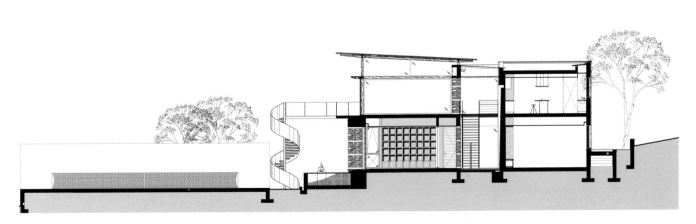

左│位于娱乐厅的外部楼梯和廊架　　上│石墙和位于主入口的廊架

前一跨页｜入口处廊架和嵌板　　左、上｜灯光照明和阴影效果展现在路面和墙壁上

上、上右｜桥面视图　　右｜室内楼梯

左 ｜ 室内木制天花板　　上 ｜ 木制天花板和玻璃嵌板

上、右｜木制椅

前一跨页｜客厅

左｜半屋顶檐式覆盖的餐厅

上｜客厅和化妆间的木制屏风

上｜窗户结构

右｜廊架结构

右 | 阳台木制屋顶和家具
后一跨页 | 网球场外观

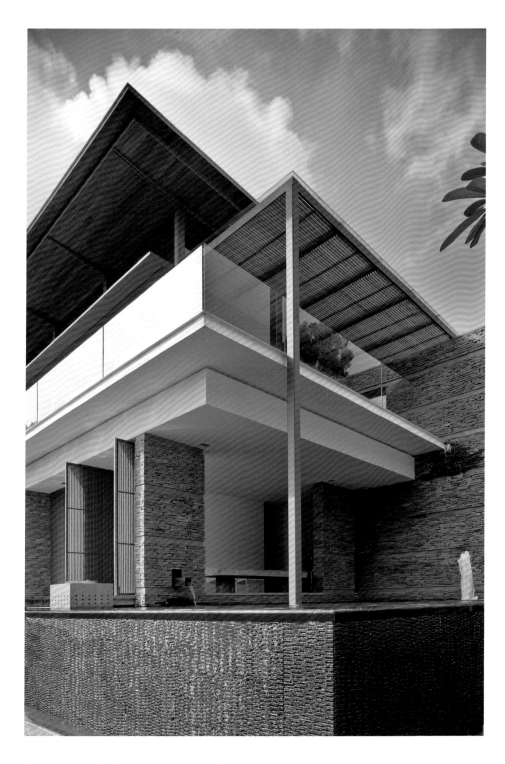

左｜面对网球馆的外景　　上｜屋顶结构

上｜映景湖和石制喷水口　　右｜石制装饰细节

左｜室外旋转楼梯　　上｜映景湖上面的金属链桥

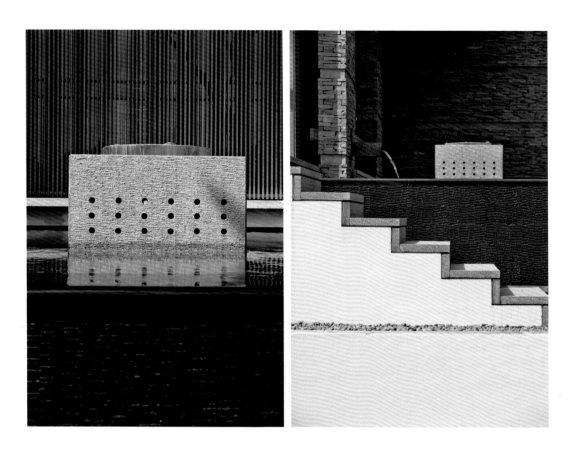

上、上右 | 石制火盆和石制台阶　　右、后一跨页 | 映景湖和两侧的火盆

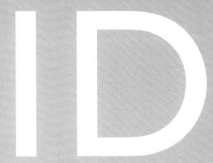

ID

印度尼西亚 | 武吉高尔夫乌塔玛住宅

INDONESIA | BUKIT GOLF UTAMA HOUSE

印度尼西亚 | 武吉高尔夫乌塔玛住宅

路边坡地上的树枝轻柔地摇曳着，巧妙地指示出位于印度尼西亚首都雅加达南部地区武吉高尔夫乌塔玛（Bukit Golf Utama）的这幢引人注目的住宅入口。这一远离狭窄私人街道，由大片精心培育的草地和野花所环绕着的低调入口给人留下这样一种印象：即使早已被遗忘，但它其实一直在那里。除了简单的小块标牌和无窗的墙壁外，这所住宅不会给予谦逊的游客任何没有必要的东西。

BEDMaR & SHi事务所的建筑师有目的地设计住宅入口，营造出一种轻松自然的感觉。虽然与许多拥有豪华入口的邻居形成鲜明对照，但贝德玛尔"穷人之家"的概念似乎与该住宅位置的自然环境更为相得益彰。他设计的住宅从外部看起来谦逊不张扬，但其实内部却带来空间上的神奇体验之旅。一旦通过轻微倾斜的车道到达顶部，呈现在眼前的便是大型、宽阔的开放式广场。这片汽车停车区域与街道和住宅相隔开来。从道路上看，广场一边首先是建筑，它基本上是一个服务区，作为

服务人员宿舍和办公使用，另一边是狭长且粗糙的熔岩石墙。

从几个不同方面讲，住宅的规划和组织结构类似爪哇岛中的传统住宅定居点。它经常由高墙包围，通过狭窄入口进入。凭借门口通道，几个同一族裔家属的私人房产可以联盟起来，并且保持一致性。在武吉高尔夫乌塔玛住宅中，贝德玛尔通过设计半户外石门，将一系列亭子连接在一起，重新诠释了这个"部落"的社会规划。有时，这些亭子里珍藏着家庭成员的私人住宅。其他时间，亭子还具有住宅的私人功能。例如，在客厅和餐厅分别设有独立亭院。

委托建造此住宅的年轻家庭的愿望就是生活在一个自然而轻松的环境中，就像在巴厘岛一样。建筑师通过在花园中设计一幢独一无二的住宅，将其与外界隔绝，实现一种私密感和隐居感。最终，这幢住宅的完美设计符合了这一意图。

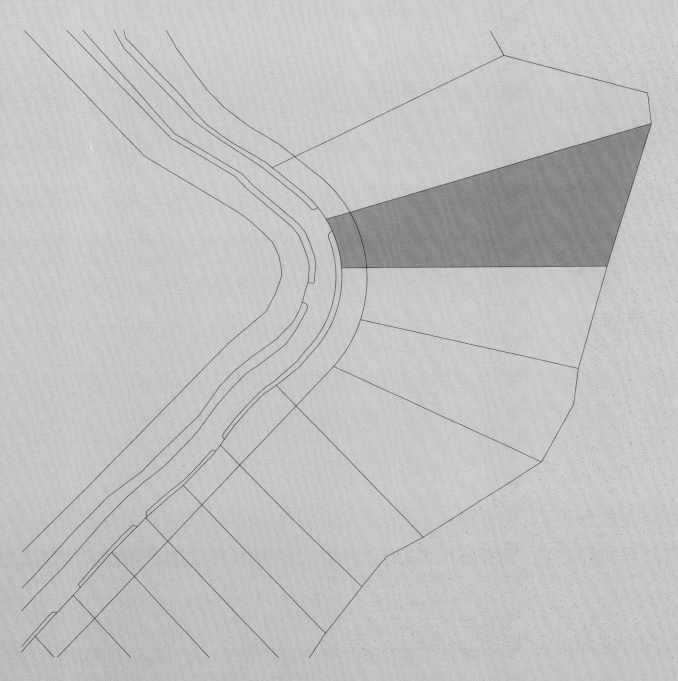

这是一座长条形场地，从主路出来，有着一个狭窄入口。房客从入口进入到住宅中，逐渐映入眼帘的是位于场地后方的高尔夫球场广阔壮观的景色。自然且极具隐私性的狭窄入口从主路进来后高度稍微提升，使得住宅位置进一步与公共区域相隔绝，这也为BED-MaR＆SHi事务所作品中一贯的空间设计准备了条件。

一面黑色的熔岩石墙围绕着水池前部，其材料与住宅内的所有材料都一样，都使用印度尼西亚的本土材料。用于建造该住宅的巨型大卵石的外部粗糙部分经打磨并切成块，具有墙壁和通道设计所需的起伏且有纹理的外观。大卵石内部的平滑部分被切成大块厚板用于地板上。贝德玛尔设计了一个垂直狭缝开口图案的入口墙。它将墙壁表面打碎，并在墙壁上创造出方尖碑般的重复形式。一旦进入住

宅的入口花园，方尖碑形状就如巴厘岛狭窄垂直，经雕刻后的石块形式一样重复出现，横跨整个景观。这些图腾雕塑将本地区当地工艺的特色带入住宅中，自然地融入花园以及该地区中，并再次与周围树木的深色树干遥相辉映。

与巴厘岛石门将开放空间分成空间层级这种方式相似，石边墙和石门将车辆庭院区与通往住宅内的另一个花园区分开。从这个入口花园开始，房屋设计的主要特征体现出来，整体坐落在花园里的各种游泳池和凉亭连续起来。水元素引导游客开启住宅的参观体验之旅，同时其功能和特征也发生变化，为整个建筑物营造出多样化氛围。这些游泳池有助于为每个亭子营造氛围，理论上也增加了每个亭子外观之间的分离感和私密感。

下｜东南方立面图

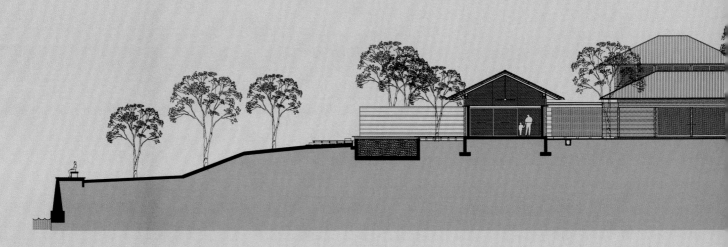

在住宅的凉亭区，也就是住宅入口处的首个储水池便是莲花池。贝德玛尔通过一系列嵌入式间壁巧妙地分离了莲花池的不同功能，嵌入式间壁位于横跨水体的行人桥下。沿着小路向里走，我们可以看到这个莲花池变成了鱼塘。鱼塘里鲜红的鲤鱼在缓缓游动，之后又到了另一个莲花池，最终看到的为咸水游泳池。它面朝住宅背面的高尔夫球场。水下桥梁从用石材和木材装饰的悬臂边缘开始采用混凝土结构，以使桥梁看起来像是悬浮在无缝水体上的超薄平台。

莲花池和游泳池之间由略带凸起的石块分开，这块石头充当游泳池水下座椅靠背。在靠背顶部石头的突出边界，开辟了一条狭窄通道，以防止一个水体区的水溢出到旁边的水体区中。一个像脊柱一样的露天通道将游客从一个水体区引入另一水体区。在这条通道右侧，有着更加坚固的两层楼。该楼一层用于私人家庭住宅区、用餐区以及服务区，而二层则有主卧套房和两间儿童房。为了在这条长长的通道上创造出一种节奏感，贝德玛尔选用宽度不一的垂直木条构成连续木材镶板来覆盖更加封闭的通道右侧。

这些条带将大面积墙壁分割，沿着走廊方向，呈现出自然的动作节奏之感。通道左侧散布着三个单层亭。在主入口处的第一个亭子是祖父母套房，其次是餐厅，最后也是最重要的起居亭，在起居亭中我们可以饱览到高尔夫球场和游泳池的壮观景色。

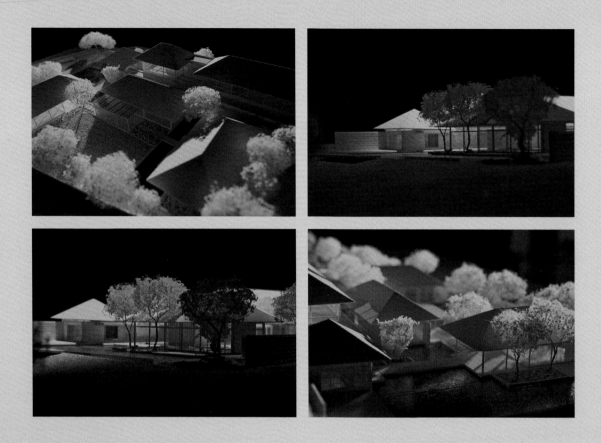

前一跨页｜模型景观　　上、右｜模型研究

本跨页｜施工场地

本跨页｜施工场地

住宅本身的设计看起来没有什么是室内的。这三座亭子大部分是开放式的，更为坚实的墙壁就像火山岩中独立的花园墙壁一样，不能完全到达斜面人字屋顶深檐。客厅分为两个区域，一个完全开放，自然通风，而另一个是由大型滑动木框玻璃镶板所封闭。根据木材柱的规则图案再将镶板细分，使建筑物达到最大透明度。为了使客厅封闭和开放区域之间的过渡实现最小化，贝德玛尔使用了向内凹入的滑动玻璃门系统，以将其与支撑房间的主要结构柱相分离。以这种方式，房间由"开放"到"封闭"的节奏韵律保持不间断。在拐角处，三层滑动玻璃门与从房间主结构边缘凹进的L形钢板相交。祖父母亭子在这种复式结构的住宅中被赋予了高度尊重的地位，位置就在主入口后面。在这里，高级家庭成员可居住在他们的私人区域内，同时又可以参与住宅内每日的互动部分。

由于客厅的高透明度，祖父母房间可将高尔夫球场和周围的风景一

览无余。景观设计巧妙地用密集的树木和花园墙壁将别墅一侧的邻居隔绝，并为每个亭子提供独特的私人花园。这种景观设计能够给相对密集规划的亭子隔离感。其余的卧室都位于住宅第二层。第一层脊柱状通道的钢筋混凝土屋顶被用于第二层主卧和两个儿童卧室的卵石屋顶花园中。

这些卧室的边缘细节是由低级别的水平固定玻璃面板和上部滑动玻璃板组成，上面的玻璃板由两层薄的水平翼片组成。这两层翼片由从玻璃表面悬垂的木材复合钢板构成。沿着房间长边的直线翼片强调了结构的水平度，从房间内部反映高尔夫球场的滚动墩低端的水平度。沿线的花园，在儿童区和主人套间之间，上面两个不同的屋顶结构之间有一个距离差，使得主套房享有一个露天淋浴区。再次，起伏的熔岩石墙作为另一边由木制露台和防盗屏构成的淋浴区背景，让人回想起巴厘岛的露天浴室。

1 车库　　　　11 鹅卵石花园
2 花园　　　　12 室外起居室
3 入口　　　　13 游泳池边
4 会客厅　　　14 游泳池
5 家庭活动间　15 健身房
6 办公室　　　16 厨房
7 水塘　　　　17 早餐厅
8 父母卧室　　18 酒窖
9 钢琴室　　　19 佣人间
10 正式餐厅　　20 走廊

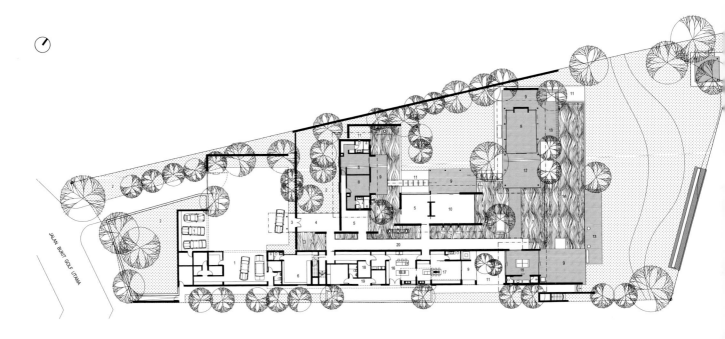

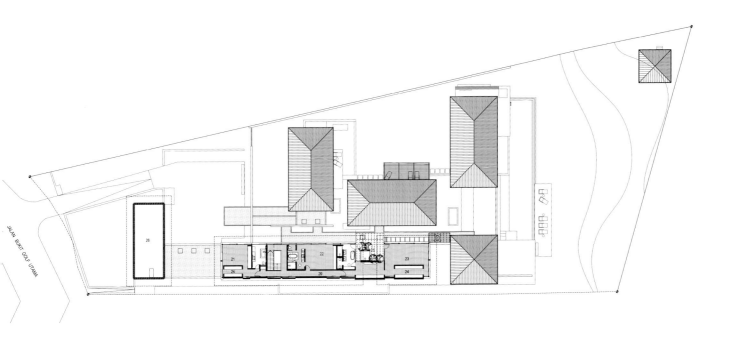

左｜底层平面图　　上｜二层平面图　　下｜屋顶平面图

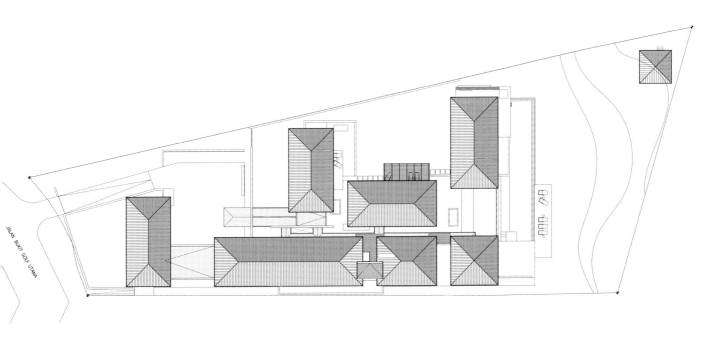

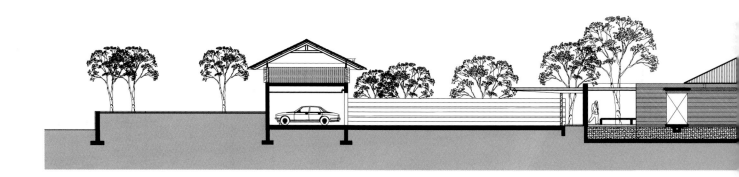

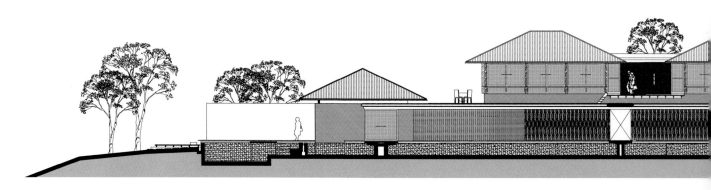

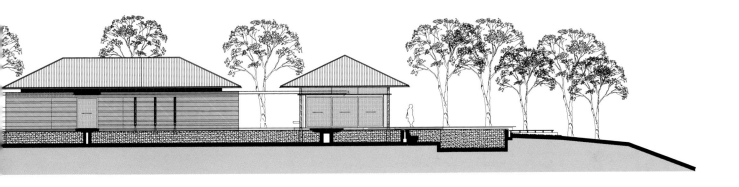

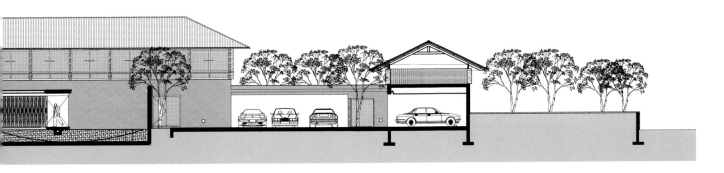

下｜入口庭院朝东北方剖面图、入口池塘朝西南方剖面图、泳池朝西南方剖面图

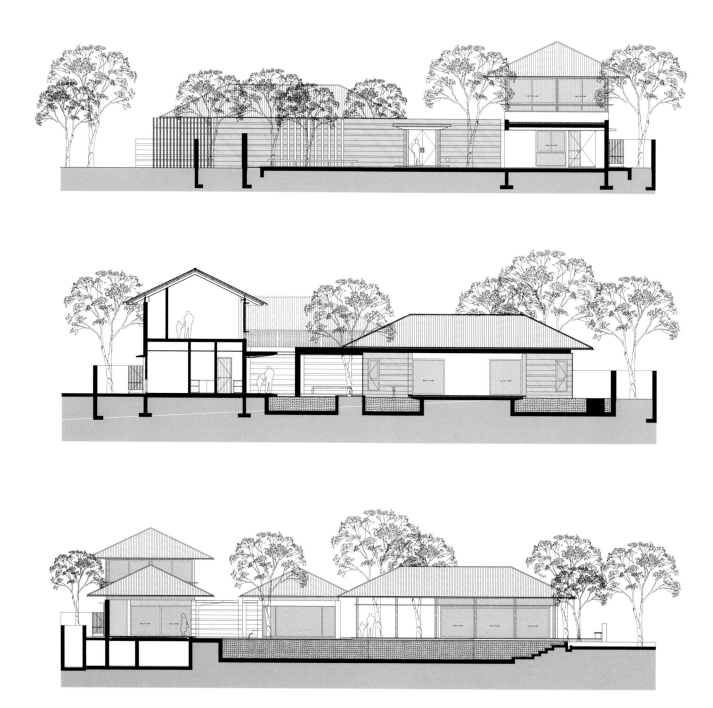

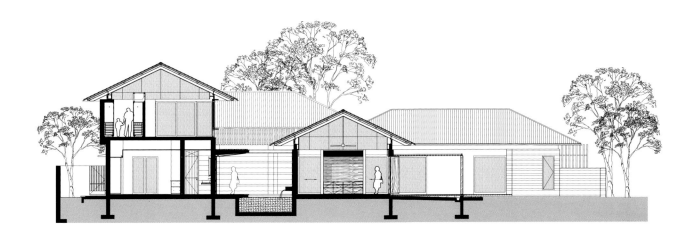

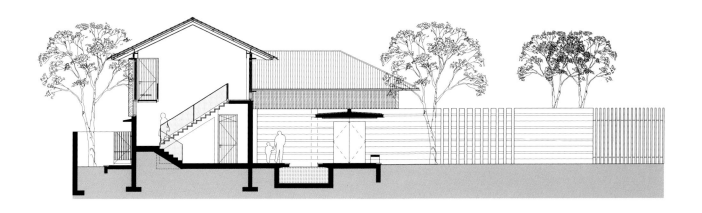

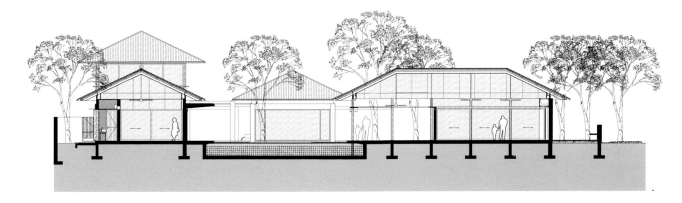

左、上 | 入口和廊架

左｜一层入口花园　　上｜入口会客厅木制长凳

上、右｜现存古树和石墙栅栏

后一跨页｜水池和客亭外的家庭活动间

左 ｜ 火山岩石墙和水池　　上 ｜ 水池和开放式走廊

左、上｜莲花池和鱼池　　后一跨页｜开放式走廊

左｜开放式走廊中的鱼池　　上｜室内鱼池及莲花池

上｜木制嵌板　右｜楼梯细节

左 ｜ 被水生植覆盖的水池　　　上 ｜ 室外水池

左、上｜游泳池、石制花园全景和细节图

上、右 | 无边泳池、平台和棕榈树

右｜游泳池区域

上、右 | 客厅内外

前一跨页｜花园及远处高尔夫球场景色　　上、右｜餐厅

上｜前方室内花园及起居亭　　右｜外部廊架及亭内的家庭活动间

左、上｜荫地花园和地面植被

上、右｜户外淋浴、主浴室和主卧室

左 | 二层主卧室外部的悬空
木制露台和碎石花园

右 | 入口区域照明

后一跨页 | 傍晚泳池倒影

NZ

新西兰 | 皇后镇住宅

NEW ZEALAND | QUEENSTOWN HOUSE

新西兰｜皇后镇住宅

两座简单的谷仓式建筑出乎意料地坐落在半山腰上，俯瞰着位于新西兰皇后镇外面的雪山。在大型农场和畜牧场的周边乡村，BEDMaR & SHi事务所设计的这个不起眼的度假住宅乍看起来似乎与其擅长设计的热带住宅有着天壤之别。然而，在设计方法和感觉方面，该建筑与建筑师其余有关住宅设计的作品有着很强联系。正如在贝德玛尔其他作品中所看到的，建筑场地本身的性质通常与建筑同等重要。贝德玛尔设计的建筑成为住宅享受和体验的中间媒介。这个位于皇后镇半山腰上的特定地点是由贝德玛尔以一种非常相似的方式设计而成。贝德玛尔解释道，他会将场地的威严与浩瀚作为设计的主要焦点，而建筑本身则非常简单，外观"像一个露营帐篷"。然而，简约化建筑形式及其组织的精巧设计并不是随意而为。住宅其实是由两个细长的谷仓式建筑物组成，这两个谷仓彼此平行对齐，沿着山坡伸展，使得从房屋中可饱览到前方山脉的美景。这两栋建筑物由一个狭窄的缓冲空间分隔，并相互剪切，一

个在左边，一个在右边。这种形式的惊人之处在于不仅能够从这两栋建筑物中饱览山川之景，还可以在建筑物旁边开拓出两个隐含的外部空间，一个位于第一栋建筑物后面，另一个位于第二栋建筑物前面。该建筑通过一条长长的弯曲车道从较低的方向进入，车道可以将游客从住宅前面、上方以及周围带到房屋后面。第一个开放的外部区域就是从这两栋令人叹为观止的建筑物的外部环境开始，组成了入口庭院。在第二栋建筑物前面的第二个外部空间是一座私人花园。游客进入房屋内部后才发现这座神奇的花园。建筑师将两种建筑形式相互剪切，以与众不同的形式开启了房屋的可能性，让游客在穿过内部空间的过程中体验到光、空间和远景的戏剧性顺序。这种设计在贝德玛尔的所有作品中非常普遍。在蜿蜒上升，进入建筑物的过程中，游客最先看到了房屋的概貌。然而，当车道转向房屋后方时，建筑物被梯田地形挡住，从而增加了对未来的预期。

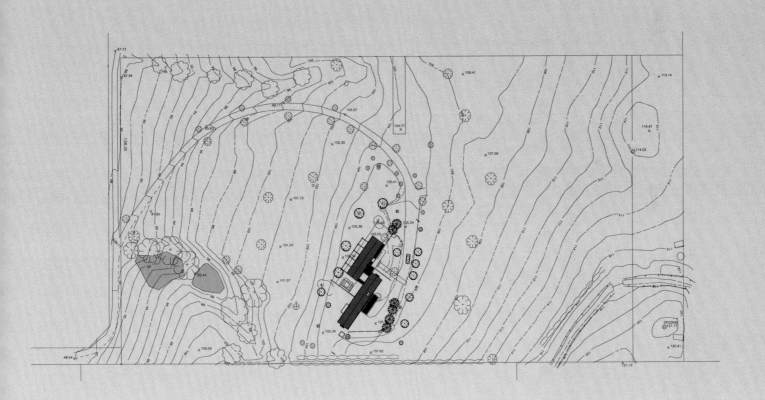

进入入口庭院，两面钢筋混凝土墙从建筑中伸出，仿佛在欢迎游客，并将建筑物固定到景观中。这些墙围绕着入口庭院，同时也遮住了山脉的景色。建筑师对该地气候的理解使他们将入口置于这一区域。因为这一区域中钢筋混凝土墙以及建筑物本身具有防御风暴的能力。这种保护有时在恶劣的环境下为庭院带来宁静舒适的空间，甚至还有着一个精致的玫瑰花园，花朵蓬勃绽放。当游客第一次被带入一个较小的入口大厅时，这种沿着该房屋进入入口庭院，目睹了狭长的混凝土墙壁，观赏到壮丽景观的预期再一次被暂时延迟。从这里，游客进入主要的生活和餐饮区域，该区域为游客提供入口观赏的最佳顺序，使其可观赏到壮观的山脉全景。新西兰度假屋主要为冬季滑雪度假而设计，但也计划全年享用。为此，建筑师还提供了几项规定，以实现其灵活性。例如，客厅右边是一个开放的露台，供冬季使用，因为在冬季阳光照射整个露台，并且可以得到之前所提到的建筑物突出部分的保护。而客厅和餐厅的另一边是一个独立的花园，供夏季使用。

这里采用与入口庭院处相似的钢筋混凝土翼墙可以遮挡夏天的凉风。此外，墙壁上还建有一个外部壁炉，在凉爽的夏季夜晚使整个空间更加舒适，同时也为周边餐厅提供了视觉焦点。在壁炉及其周围建有两个开口，从剪力墙向外建造，并且这个突起以橄榄绿花岗岩饰面包裹。壁炉对面是一个独特的内置座椅，座椅采用坚实的木条制作而成，使居民在凉爽的夜晚可以挤在火炉前取暖。在BEDMaR & SHi事务所的许多热带房屋设计中，空间过渡极为微妙，空间感从一个房间到另一个房间、从内到外相对自由流动。而新西兰的房屋则不然，温带气候需要不同的设计方式。除了客厅和餐厅相对开放的规划外，别墅其余部分则由更多的私人隔间房组成，可以单独加热。这些封闭空间主要位于房屋后面的两层楼中。同样，在贝德玛尔的许多设计中，楼梯是主要生活空间的视觉焦点，但在度假别墅中，楼梯则是一个位于房屋私人空间内相对封闭且温

上、右 | 模型视图

前一跨页、本跨页｜模型研究

本跨页｜施工现场

本跨页｜施工现场

然而，在长条形客厅和餐厅的开放区域，建筑师们为适应全年温度变化采用了一些设计。山峦对面，房间里的窗户置于外部，还有双面的百叶窗式幕门。这些门的设计大大增强了开关窗户的灵活性，冬天关闭，在夏天打开。由于这栋住宅是滑雪度假休闲之地，所以车辆入口在房屋的封闭区域内，位于滑雪设备的存放区域旁边。这个受到保护的入口与厨房区域直接相连，并且与建筑师设计的开放式客厅的内部对点相联系。建筑师构思的这个冬季客厅带有自己的壁炉，并且拥有着良好的视角来观赏前面的庭院美景。两个简单的谷仓式建筑外面覆盖着坚实的雪松木榫舌和沟槽包覆条。建筑师从周围的建筑环境中提取并采用了这种由木材包裹、呈现出谷仓式的建筑美学。在度假别墅内更是采用了这种简单干净的精确设计，这其实是贝德玛尔设计作品中的特点之一。

由于深度屋顶悬垂的传统并非适用于本地文化，贝德玛尔决定使用一个钢制沟槽，保护外围结构中的外墙表面免受雪的污染。金属屋顶折叠后整齐地放入C形钢槽，与房屋外面的木制包层齐平。这种木材包层也在别墅角部与嵌壁式雪松木交汇，并再次与木材包层完全齐平。

不同于传统别墅中木材包带典型的随机交错排列，度假屋的木材包层按照尺寸切断，使焊接处垂直对齐，并与下面门窗的竖框一致。此外，根据谷仓式审美原则，建筑师对一层室内地板进行加热，其采用混凝土找平层中的粗制材料，而二楼地板则铺上地毯，增添了舒适性。在山坡的自然环境中，BEDMaR & SHi事务所以一种简单优雅的形式展现了建筑师对形式区域适宜性的理解。建筑师凭借完全地嵌入式细节处理，使谷仓式的纯净淋漓精致展现出来，为当地建筑传统增添了现代化气息。

上 | 住宅周围环境风景

下｜底层平面图

1	入口	9	客卧
2	入口休息室	10	冬季观景房
3	化妆间	11	车库
4	客厅	12	储物室
5	餐厅	13	庭院
6	露台	14	卧室1
7	厨房	15	卧室2
8	洗衣房	16	主卧室

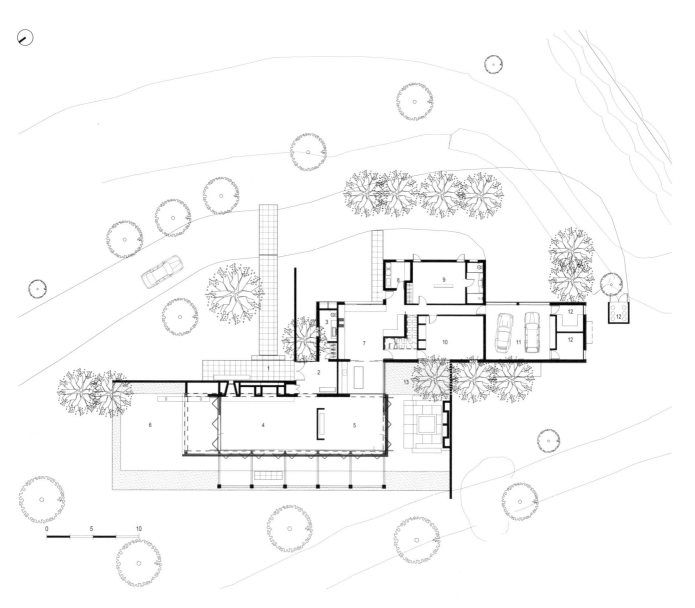

下｜二层和屋顶平面图

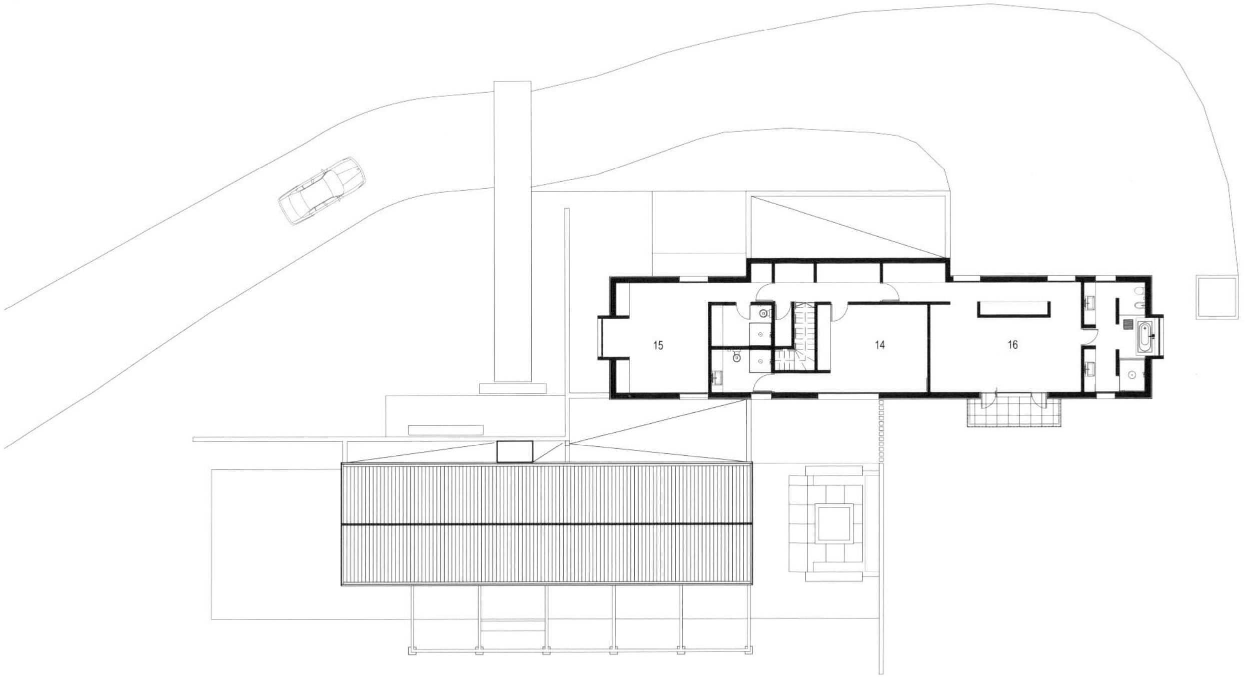

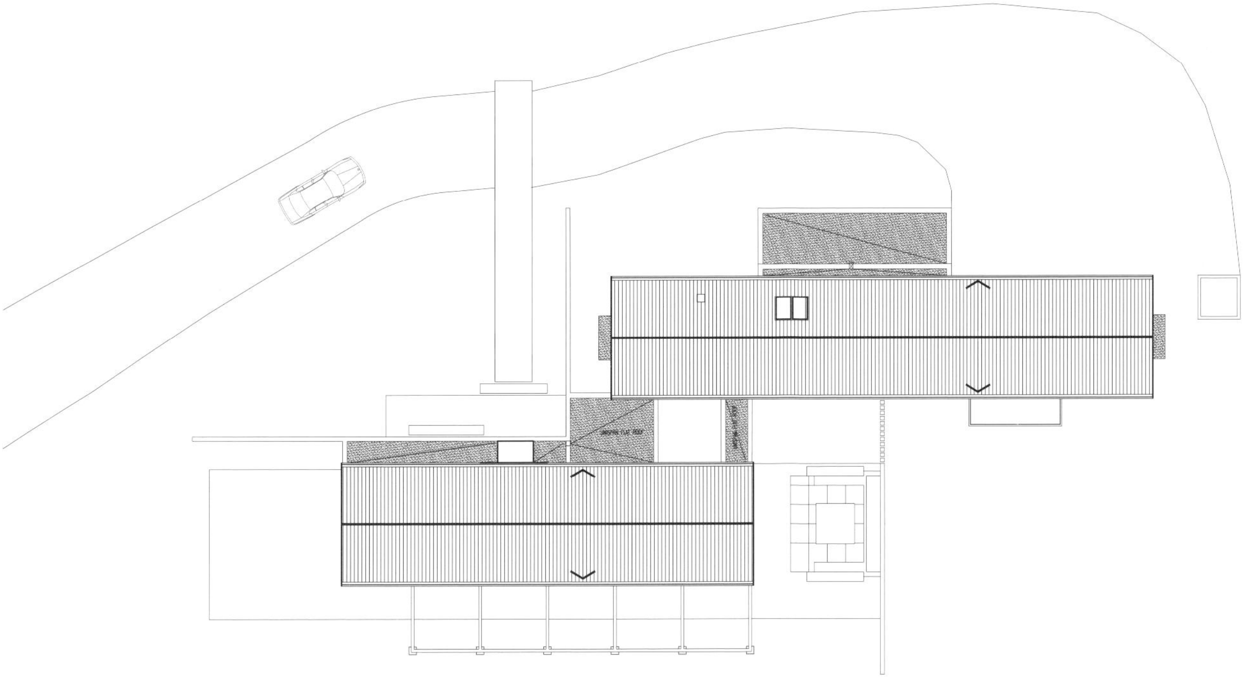

上、后一跨页｜住宅西侧冬季景观

下｜厨房、车库及卧室东南方立面图和剖面图

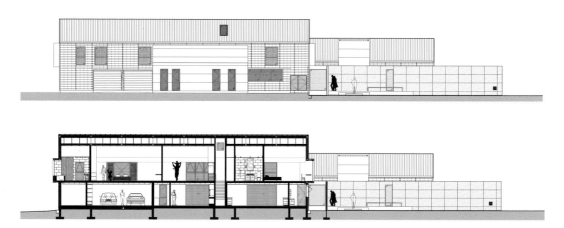

下 | 客厅及餐厅东北方立面图和剖面图

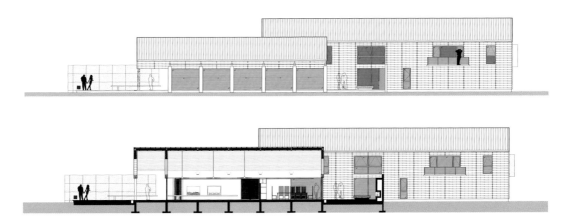

下｜东南立面图

下｜卧室、冬季景观房和室外用餐露台剖面图

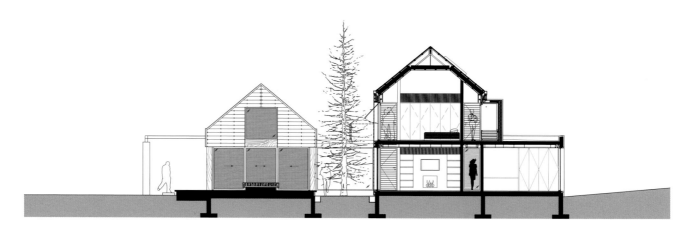

下｜楼梯和室外用餐露台剖面图

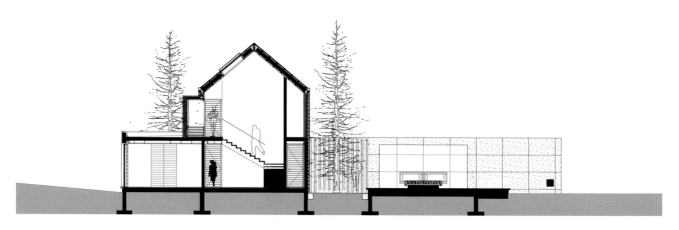

下 | 餐厅、厨房和卧室剖面图

下 | 楼梯和室外用餐露台剖面图

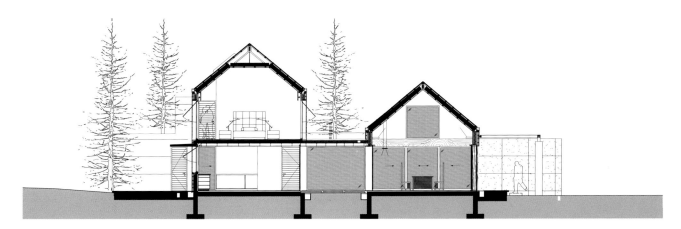

下 | 客厅剖面图

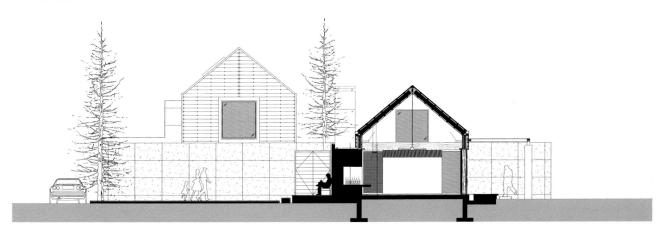

上、右 | 冬季自然景观和入口风景

上、右｜冬季室外露台自然景观　　后一跨页｜入口风景

上 | 第二入口　　右 | 入口处外观和花园景观

上｜墙体和屋顶细节图　　右｜湖景

上、右｜起居亭、餐厅的廊架

上 | 长凳　　右 | 木制花盆

上、右｜带有壁炉的客厅

新西兰 | 皇后镇住宅　405

右 | 客厅
后一跨页 | 面朝滑雪斜坡的住宅外观

410

左 | 廊架和木制推拉门　　上 | 廊架细节

上│客厅　　右│餐厅室外到室内连接门

后一跨页 | 从餐厅到露台和皇后镇的自然景观

上｜室内和室外餐厅区域细节　　右｜从餐厅到露台

左 | 餐厅区域及露台

左 | 雪松木板细节图和天然木凳

上 | 室外餐厅区域

右下 | 滑动门

左、上｜带壁炉和卧室亭的室外餐厅区域

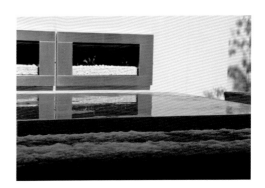

上｜室外壁炉和休息区域

上｜树林

右｜餐厅区域与露台鸟瞰景色

前一跨页｜玫瑰花园挡土石墙及其背后的卧室亭

左、上｜日出时刻驶入车道时看到的别墅景色

后一跨页｜别墅夜景

附录

项目信息

印度

项目名称：阿姆里塔什吉尔马格尔住宅

地点：新德里

竣工时间：2008年

占地面积：3532.63 m²

住宅面积：1215.00 m²

设计团队：Ernesto Bedmar，Himaal Kak Kaul，Gavin Pennefather

当地建筑师：Nouveau Design Group

结构工程师：Tham & Wong

机电工程师：Woo & Associates

室内设计师：BEDMaR & SHi

景观设计师：Tierra Design

施工方：Sion Projects

泰国

项目名称：林赛海滩度假别墅

地点：普吉岛西北部

竣工时间：2007年

占地面积：6112 m²

别墅面积：630～915 m²（每幢）

设计团队：Ernesto Bedmar，Phillip Ng，Tan Ho Kiat，Ng Khee Ye，Henny Susanti

当地建筑师：Naga Concepts

结构工程师：Web Structures

机电工程师：EFSL Thailand

景观设计师：Tierra Design

工程造价师：Page Kirkland Thailand

施工方：Bellwater

新加坡

项目名称：纳森路住宅
地点：新加坡城
竣工时间：2007年
占地面积：1514m²，1505m²
住宅面积：927m²，522m²
设计团队：Ernesto Bedmar，Henny Susanti，Jacqueline Teo，Gavin Pennefather
结构工程师：Tham & Wong
机电工程师：Woo & Associates
室内设计师：BEDMaR & SHi
景观设计师：BEDMaR & SHi
工程造价师：Ian Chng Cost Consultants
施工方：Sysma Construction，Sunpeak Construction

新西兰

项目名称：皇后镇住宅
地点：皇后镇
竣工时间：2009年
占地面积：40 470m²
住宅面积：785m²
设计团队：Ernesto Bedmar，Seow Lee，Henny susanti，Jacqueline Teo
当地建筑师：Nevis Rise Consulting
结构工程师：Weber Consulting
电气工程师：Pedersen Read
机械工程师：Mss
室内设计师：Bernard Teo
景观设计师：Greenbelt
工程造价师：Maltbys
技术支持：Sam Gavin Design
施工方：Nevis rise consulting

印度尼西亚

项目名称：武吉高尔夫乌塔玛住宅
地点：雅加达
竣工时间：2008年
占地面积：4633m²
住宅面积：1052m²
设计团队：Ernesto Bedmar，Henny Susanti，Gavin Pennefather
当地建筑师：J. Budiman Architects
结构工程师：Irawan Wibawa
机电工程师：Woo & Associates
室内设计师：BEDMaR & SHi
景观设计师：Karl Princic Design / Intaran Design Inc
施工方：Kiwi & Rudy Contractor

事务所简介

BEDMaR & SHi事务所成立于1986年，是位于新加坡的一家建筑设计公司，所涉业务涵盖建筑设计、节能保护、景观设计和室内设计等方面。

事务所自成立之初，员工数量一直维持在12名保持不变，他们来自世界各地，带有各自不同的文化烙印。建筑师们希望探索建筑与自然的关系，致力于强调优质设计和作品的多元化结合。

事务所创始人埃内斯托·贝德玛尔（Ernesto Bedmar）先生和帕蒂·史（Patti Shi）女士亲自联络并指导了事务所的每个项目。

BEDMaR & SHi事务所的设计作品遍布不丹、印度、印度尼西亚、马来西亚、新加坡、泰国和新西兰等国家。另外，事务所的项目也涉足美国纽约、英国伦敦、中国香港等地。

创始人简介

埃内斯托·贝德玛尔出生在阿根廷，1980年从阿根廷科尔多瓦建筑与城市规划大学毕业，获得建筑学学士学位。他在大学最后一年获得了最佳设计大奖。贝德玛尔既是阿根廷也是新加坡的注册建筑师，同时还是新加坡建筑师学会会员。贝德玛尔作为建筑师的职业生涯始于1977年，当时他在阿根廷的 Miguel Angel Roca事务所工作。1980年，他成为Miguel Angel Roca南非分部的一名合伙人，并与建筑师M. A. Roca和F. Pienaar负责为南非的普罗蒂亚新城（Protea New Town）的城市规划和Jabulani行政中心的设计。1982年，他被委派到中国香港参与项目，负责开发大屿山大浪湾旅游度假区。然后于1983年加入香港巴马丹拿集团（Palmer & Turner Group），担任顾问建筑师，并作为建筑师阿尔瓦罗·西扎（Alvaro Siza）负责的规划小组成员参与了澳门一个庞大的城市项目。

1984年，贝德玛尔来到新加坡，与SAA事务所的合作伙伴一起工作。1986年，他成立了自己的事务所——BEDMaR & SHi设计师私人投资有限公司。从那时起，他便担任该公司的董事与设计顾问。从1989年到2000年，贝德玛尔还担任新加坡国立大学建筑学院的兼职导师。1993年至1995年，他担任新加坡淡马锡理工学院设计委员会成员。在2007年至2010年，他还担任艺术（建筑）学士学位校外监审人。

2009年初，贝德玛尔受新加坡国立大学建筑学会的邀请进行客座演讲，随后5月份又受新加坡莱佛士学院邀请，担任设计课程的校外监审人。贝德玛尔获得的主要荣誉包括（按时间顺序）：1989年荣获 Du Pont Antron设计奖-名誉奖（商店规划类）；2000年第十五届白宫公园-建筑遗产奖（URA）；2002年获优异奖（由新加坡建筑师学会亨特·道格拉斯设计大赛颁发）；2006年设计的三座杰维斯的别墅和12座特雷维索的别墅获得芝加哥雅典娜国际建筑奖；2006年荣获城市景观建筑评论奖；2006年获迪拜-住宅建造奖获得者；2010年获第十届休闲建筑和个人别墅SIA建筑设计奖。

另外，贝德玛尔的专著《浪漫的热带设计》（*Romancing the Tropics*）由奥斯卡·里埃拉·奥赫达出版，此外，其作品还列入许多国际刊物中。

致谢

在过去的五年里，我造访了本书中所展示的这五幢住宅或别墅所在的五个国家。这让我能够有机会学习与思考，然后形成自己的观点与想法，并将其付诸实践——事实上，从1986年7月开始至今，我都是这么进行的。这五年所做的工作以及所经历的地理文化背景的多样性，展现出一些思想观点和建筑语汇的演变过程，彰显出与我一起工作的具有卓越才能与敬业精神的团队成员的辛勤努力。他们尽职尽责，细心认真，与所有行业的建筑商来此建造这些项目。

在此向所有从事这些项目的工作人员致谢，同事也感谢编辑整理本书材料的工作人员。特别感谢奥斯卡·里埃拉·奥赫达在我制作书籍过程中再一次给予我的信任；感谢达琳·史密斯（Darlene Smyth）对我的作品进行了评论并给予了建议；感谢阿尔伯特·林（Albert Lim）用他的摄影作品捕捉到了作品体现的情境和细节。另外要感谢施工人员、石匠以及木匠，他们在不借助高科技的情况下，用自己勤劳的双手完成他们的工作。感谢一直信任我的客户。最后感谢让我的生活更加幸福美好的朋友们。

撰稿人

达琳·史密斯（Darline Smyth）

作家、设计师。达琳出生于加拿大，1991 年毕业于加拿大渥太华大学，曾获通讯专业与音乐专业文学士学位，后来在加拿大戴尔豪西大学获得环境设计研究专业学士学位，并于 1995 年获得建筑学硕士学位，曾荣获多个奖项，包括校友会奖和领导服务奖。现在达琳是亚洲和澳大利亚多家建筑杂志的作家，这些杂志包括Singapore Architect Journal（新加坡）、Habitus（澳大利亚）、In Design（澳大利亚），Art4D（泰国）和A + U（日本）。此外，她还参与编著BEDMaR & SHi 事务所的 *5 in Five* 和 *The Bali Villas* 两本书，它们均由奥斯卡·里埃拉·奥赫达负责出版。自从生活在亚洲以来，达琳在新加坡国立大学兼职教授建筑设计课程，同时与 Warren Liu Yaw Lin 在新加坡创立了 A. D_Lab 私人有限公司。在工作中，达琳专注于试验性住宅设计项目，致力于解决家庭单元的社会性互动问题，以及在高密度城市生活条件下如何创造公共和私人区域。

奥斯卡·里埃拉·奥赫达（Oscar Rieja Ojeda）

编辑和设计师。奥斯卡工作在费城、新加坡和布宜诺斯艾利斯。奥斯卡于 1966 年出生在阿根廷，1990年移居美国。迄今为止，他已经出版了一百多本书，作品内容非常出色，以其完整的内容、永不过时的特色、精致和创新的工艺而闻名。世界各地许多著名的出版社出版机构都出版过奥斯卡的作品，包括ORO editions、Birkhauser、Byggforlaget、The Monacelli Press、Gustavo Gili、Thames & Hudson、Rizzoli、Whitney Library of Design和Taschen等。奥斯卡也是许多建筑系列书籍的创作者，包括*Ten Houses*、*Contemporary World Architects*、*The New American House*、*Architecture inDetails* 和*Single Building*等。他的作品获得了许多国际奖项，被深入评论和引用，奥斯卡是该领域出版物的正式撰稿人和顾问。

图书在版编目（CIP）数据

BEDMaR & SHi事务所作品集 ／（加）达琳·史密斯，
（美）奥斯卡·里埃拉·奥赫达编；陈阳译. —— 南京：
江苏凤凰科学技术出版社，2018.10
（世界知名建筑事务所作品集）
ISBN 978-7-5537-9736-6

Ⅰ．①B… Ⅱ．①达… ②奥… ③陈… Ⅲ．①建筑设
计－作品集－世界－现代 Ⅳ．①TU206

中国版本图书馆CIP数据核字(2018)第229821号

世界知名建筑事务所作品集
BEDMaR & SHi 事务所作品集

编　　　者	［加］达琳·史密斯
	［美］奥斯卡·里埃拉·奥赫达
译　　　者	陈　阳
项 目 策 划	凤凰空间／孙　闻
责 任 编 辑	刘屹立　赵　研
特 约 编 辑	孙　闻

出 版 发 行	江苏凤凰科学技术出版社
出版社地址	南京市湖南路1号A楼，邮编：210009
出版社网址	http://www.pspress.cn
总 经 销	天津凤凰空间文化传媒有限公司
总经销网址	http://www.ifengspace.cn
印　　　刷	北京博海升彩色印刷有限公司

开　　　本	710 mm×1 000 mm　1／12
印　　　张	37
版　　　次	2018年10月第1版
印　　　次	2018年10月第1次印刷

标 准 书 号	ISBN 978-7-5537-9736-6
定　　　价	448.00元（精）

图书如有印装质量问题，可随时向销售部调换（电话：022-87893668）。